LOCUS

LOCUS

LOCUS

LOCUS

from

vision

from 100 時機問題
When: The Art of Perfect Timing
作者：史都華・艾伯特 Stuart Albert
譯者：張家福
責任編輯：邱慧菁
校對：詹宜蓁
美術編輯：何萍萍
法律顧問：全理法律事務所董安丹律師
出版者：大塊文化出版股份有限公司
台北市 105 南京東路四段 25 號 11 樓
www.locuspublishing.com
讀者服務專線：**0800-006689**
TEL：(02) 87123898　FAX：(02) 87123897
郵撥帳號：18955675　　戶名：大塊文化出版股份有限公司

總經銷：大和書報圖書股份有限公司
地址：新北市新莊區五工五路 2 號
TEL：(02) 8990-2588（代表號）　FAX：(02) 2290-1658
製版：瑞豐實業股份有限公司
初版一刷：2014 年 5 月

定價：新台幣 350 元
Printed in Taiwan

時機問題

作者海量蒐集
《紐約時報》
《經濟學人》
重點刊物報導
剖析
兩千起**國際時事**
收錄70則案例。
教你用7個步驟，
學
會**重新解讀世界**
掌握最佳行動時機

在商業世界中
搶第一，
並不代表最好！
走太快，可能
慘遭滑鐵盧，
動作太慢則
注定要落後
掌握時機
是一門可以
學習的技巧

頂尖專家教你打開全新視野
學會在對的時間做正確的事

哈佛大學／麻省理工學院訪問學者
史都華·艾伯特 Stuart Albert——著
張家福——譯

目錄

作者序

一切看似隨意，其實有跡可尋

傳統智慧告訴我們，試著去理解、掌握時機是白費心機的——沒有人可以算準市場先機，也沒有人能夠有效預測未來。世界太複雜、變數太多，每次的情況在某個重要層面上都不盡相同，以致過往經驗只能淪爲無效參考値。此外，掌握時機看起來經常更像是在碰運氣，只是剛好在對的地方、對的時間，推出對的產品或服務。這些觀察都有幾分眞理，但若因此認爲掌握時機的技巧無法習得，那不僅太過悲觀，更是完全錯誤。只要有了正確的工具，我們絕對能比傳統智慧認爲的更有效善用、管理時機，而本書所寫的，就是這套工具的內涵及使用方法。

關於時機，我是在二〇〇四年得到關鍵性的洞見。當時，由於我的岳母唐娜・艾拉（Dona Ella）正與癌症病魔做最後抗爭，我們夫妻倆決定搬入唐娜位於巴西聖保羅市（São Paulo）的公寓，那裡因此成了我的臨時辦公室。看著唐娜的生命進入尾聲，我滿腦子想的都是時間。每天早上，冬日冰冷的陽光照在臥室的花梨木牆上，我豎起耳朵，今年卻聽不見往年都會啼鳴的公雞叫聲。這座城市原本已近尾聲的田園樂章，如今也已成爲絕響。在這棟三十年來陪伴我們度過無數個夏天與聖誕假期的公寓裡，時間工程的概念在我腦中浮現，於是我以這個主題爲核心，寫下了這本書。只是當時的我還不知道，這樣的一個概念，竟然可以開啓一條克服時機挑戰的全新道路。

一九九一年的春天，我開始研究時機這項議題。當時，我很清楚地告訴自己，我不要遵守行規。我任職於商學院擔任教授，在物理、化學等硬科學及社會科學等領域受過精良訓練，但我決定不要和同儕一樣。我不提「假說」、不解釋要測試哪些「客觀事實」、不進行控制實驗，也不實施大規模調查。我不需要用電腦來分析資料，也不需要建立數學模型，因爲我根本沒有數據，所以也沒有統計的需要。簡言之，現代社會科學所使用的各式精良工具，我一概不需要。我決定回到這些事物尚未被發明的時代，成爲一名狩獵採集者。

我大量閱讀《紐約時報》（*The New York Times*）、《華爾街日報》（*The Wall Street Journal*）、《經濟學人》（*The Economist*）等刊物，不論主題，只要與時機相關，我就剪下來。我特別留意與時機有關的失誤，如行動採取得過早或過晚、某個計劃忽然延遲，或是某間績優企業忽然在一夕之間倒閉的報導，並且試著思考更好的時機管理將如何改善事件結果。

在過程當中，我慢慢建立了一套分類系統，用以整理現在已累積多達兩千份的剪報。進行分類絕對不只是爲了學術上的練習，我們之所以無法洞燭機先，就是因爲缺乏一套實用的預測機制。要建立一套機制，最好的方法就是先想好名字，然後在熟悉的架構底下進行分析處理。**本書的功能就在於此，能夠爲各位提供一套在生活與工作上，洞察機先、掌握並善用時機的好方法。**

在架構本書內容時，我開始與許多企業合作。企業遇到的問題琳琅滿目，比方說，有間新科技創投公司以失敗告收，原來是因爲時機掌握出了問題；另一間公司則因爲違約最後被告上法庭，就我來看，若能對時機有更好的了解，就能避免這場法律糾紛；還有一間公司苦惱是否應該配合競爭對手調整定價，但在時機分析以後，我們發現根本就不需要調整定價，產業變動快速，自然會解決相關問題。

眼見商業世界中有如此多面向，都深深涉及時機問題，我不得不暫停下來思考。時機這項議題所包含的範圍似乎無遠弗屆，沒有中心、沒有起點，也沒有終點。它很複雜，因爲有時時機根本不重要——有些事情的成敗早已注定，與我們的行動毫無關係。因此，在最早的十個年頭裡，這本書是寫給我自己看的。我把近八百頁的筆記和分析，全部存在電腦的一個資料匣裡，命名爲《給自己的參考書》（*A Book for My Own Use*）。在做這些筆記的過程中，我發現時機的失誤並非偶然，也正因爲並非偶然，所以其實可以避免。隨著我一步步鑽研這項題目，我開始發現各種現象與流程，都是我先前沒看過的。在和企業的合作中，我發現我發展的這套方法具有即時、有效的用途。

當我坐在桌前，準備將我的發現全部寫下來時，卻發現自己面對了當代的一大諷刺——沒有時間。由於忙碌的現代人鮮少有時間閱讀厚重、複雜的書籍，所以我特地濃縮、刪減本書內容。如果你正準備搭乘一班橫越大西洋的飛機，那麼在你降落之前，將可大致掌握時機分析的內涵。假設你的班機延誤（這件事經常發生），那就一定有充裕的時間可以讀完整本書。殺時間的最好方法，莫過於閱讀一本以時機爲主題的書，你說這是不是善用時間呢？[1]

前言

第一，並不代表最好

好時機眞的很重要，舉凡在商業世界的每個角落，都可看見它的重要性——新產品何時推出、策略方向何時改變、何時成立子公司、何時該接受對方的談判還價、何時投資新設備等。歷史充滿太多因爲推出時機太早而陣亡的創新產品與服務，它們失敗，只因市場還未全然準備好，有可能是新科技本身還有很多瑕疵、支援系統還不完備等。在這個瞬息萬變的世界裡，更常見的致命錯誤，則是反應不及——早知道我們的動作應該要更快一點！如果當時執行，策略或許就奏效了。可惜的是，正如古希臘詩人荷馬（Homer）所言：「愚蠢至極，莫過於事後諸葛。」

本書的目標讀者，是各領域的主管、各階層的員工，舉凡職責必須有效掌握時機者，皆包含在內。大多數的組織與個人，雖然都有一套掌握時機的辦法——以個人來說，大多是仰賴直覺或借助過往經驗；以組織來說，或許有一套正式的規劃流程，或是精細、複雜的模型或運算公式。但無論方法爲何，時機的掌握，總是人算不如天算、紕漏百出。

有時，時機掌握似乎不是那麼難，事前就可以預料。比方說，新產品或新事業該何時推出？

時間早晚要如何拿捏？機會窗口將在何時開啓？開啓後，何時關上？時機風險是否存在？產業是否會一夕丕變？該一步步謹慎行事，還是把握時間、盡快出擊爲上策？這些時機問題確實好像都不那麼難，但有些時候，該在何時掌握時機，卻沒那麼容易看出來，一不小心就可能導致悲劇。

假設你今天負責監督讓二〇一〇年加拿大溫哥華冬季奧運順利開幕，那麼顯然就掌握時機而言，最關鍵的事情就是確保所有賽場及工程，皆能在大賽開幕前及時完成。爲了達成這個目的，你必定得借助各式精良的專案管理工具，將重點擺在運籌管理及時程安排上；要是進度稍微有了延遲，便得設法加快腳步。你最不願意著手規劃的，想當然爾，便是開幕典禮前發生悲劇性意外的備案，但眞實世界就是這樣發生了！來自喬治亞、二十一歲的雪橇選手諾達爾·庫瑪立塔什維利（Nodar Kumaritashvili），在賽前最後一次訓練中，竟然高速摔出軌道死亡。負責監督奧運事務的你，能不能在事前看見災難的降臨？意外的發生總是悲劇，但卻不巧發生在大賽開幕前，時機選得是不能再糟。

此時的你，如果回頭檢視究竟是哪些因素致使意外發生，應該能發現下列幾點：

- 奧運賽事前夕必定舉行賽前訓練；簡言之，先訓練後上場，這個「序列」（sequence）很清楚。
- 訓練到了末期，選手在大賽開幕前的練習速度必定最快；簡言之，訓練期間選手行進的「速度」（rate）只增不減。初期選手必須先熟悉場地，所以速度不會太快。
- 訓練階段與大賽階段有明顯的區隔；換言之，兩者之間存在著「句逗」（punctuation mark），時間上只有短暫「間隔」（interval）。
- 事情的開頭與結尾，具有情緒上的特別意義。賽前若是發生意外，整場賽事將好像蒙上一層陰影、氣氛哀戚；意外若是發生於賽事結尾，不只令人記憶特別深刻，先前的一切無論再怎麼美好，也都將顯得黯淡無光。因此，意外若是發生在事件的始末，所帶來的情緒影響最爲顯著。

●雪橇軌道爲何如此危險？部分原因在於場地的挑選。由於考量到奧運結束後，雪橇場地得維持商業營運，當初選定的地形剛好是高低陡峭、拐彎曲折的軌道，因此軌道危險的部分原因，在於在規劃階段預先將未來使用列入考量。簡言之，場地的使用有兩扇「機會窗口」（windows of opportunity），一在賽前、一在賽後；前者的風險因爲對後者的考量而增加。

●最後，結合前述所有因素，便會產生所謂的「共時風險」（synchronous risk）：也就是兩起事件若是在相近的時間點發生，如行進速度達到最高及大賽即將開幕，將會招致嚴重後果。

負責監督大賽事務的你，能否預先看見前述這些時機風險，進而請廠商加強軌道安全？或者，這些促發行爲的線索，全都只是隱藏於背景之中，不是你主動關注的對象？本書的目標之一，就是幫助你事先看見時機風險，在爲時不晚前即時處理，避免悲劇發生。

了解時間特質，學習掌握時機

我們之所以錯失時機，或是下錯判斷，不只是因爲這個世界既複雜又充滿不確定性，更是因爲我們描述世界與眼前任務的方法，忽略了我們所需的重要事實。我將這種零碎性的描述形容爲「時間貧乏」（time impoverished），這樣的描述忽略了序列、速度、形狀、該有的標點符號、間隔、前置事件、延遲事件、重複事件等與時間有關的特點，而這些特點是每一項計劃、每一個行動、每一起事件都有的一套時間結構。

我們不僅在計劃事件時，未能將前述時間特點列入考量，更是慣性地將它們排除在日常思考之外。想想商業中的誘因，我們一般著重的，是事件所涉及的各方是否擁有共同誘因，以及這樣的誘因是否足夠促成理想結果。然而，從時機的角度來看，這樣的思考並不足夠，我們必須了解所有相關誘因是否「同時」存在，而當不同誘因共存時，何者又會是主導因素？假使某項誘因減弱時，另一項會增強嗎？當成果不如預期時，不能將失敗歸咎於不當誘因，更需要去思考爲何特定誘因在某特定時刻變得特別重要。

接吻的時間長度不同，代表不同意義

當我向一群大學生聽眾，解釋何謂「時間貧乏的敘述」時，我舉的例子是接吻。我告訴學生，不到一秒的接吻稱爲「輕吻」（peck）；歷時一分鐘的吻是求歡；至於長達五分鐘的吻，則是救命用的人工呼吸。簡言之，我們必須先了解親吻歷時的長短，才能理解其背後所代表的意涵。同樣地，如果降低強度、拉長時間，擁抱則不再是擁抱，可能只是以限制行動爲目的，將雙手環繞住對方。時間，並不是裝載行動的容器，而是構成行動的要素。**世界上發生的每一件事，都有一定的順序、一定的歷時、一定的開始與結束，如果這些特點未被說明清楚，很容易會產生誤解，或者錯失重要事件。**

我想說的，就是要掌握時機問題，一定要先掌握時間特點。如果你理解世界的角度，並未考慮各種時間特點——時間序列、速度、歷時、起始、終了等，那麼便不可能有效掌握時機、決定何時採取行動，甚至也根本無法解讀他人行爲背後的意義。

眼睛只看到當下，便無法預見未來

有許多原因令我們對世界的描述變成「時間貧乏」，首先，也是房仲業最喜歡掛在嘴邊的兩個字——「地段」；我們在時間軸上所處的地段位置是「當下」，也就是我們存在的此時此刻。除非透過譬喻與想像，我們無法活在過去，也無法活在未來。雖然我們常說要記取歷史教訓、要長遠思考，但是我們永遠都無法脫離當下。我們眞正活著的地段位置，永遠都在當下。

我們如此短視的原因，還有一個，非常諷刺地，那就是我們的視覺能力。我們只把焦點放在看得到的事物上，因此忘了將看不見的時間特點列入考量。以人類手掌的設計爲例：人類的拇指與其餘四指相對，可以握合、拾取物品，讓人類的手比起其他動物的更爲實用。但是我發現，所有與拇指相關的討論，都少了一個重要元素，那就是同步性。手掌要能夠握合，除了空間設計以外，拇指與其餘四指也必須在同一刻達到同一定點才行。如果拇指率先到位，其餘四指卻要到數分鐘後才跟進，手掌基本上是握不住東西的，無法成爲像現在一樣的利器。雖然空間上五指的相對性很重要，但是時間上的同步配合才是關鍵。

Q能力與科普蘭的限制

除了看不見的事物就不列入考量以外，我們之所以錯失掌握時機所需的重要資訊，還有另一項原因：人類大腦的能與不能。想像你正準備將鑰匙插入家裡大門，好，腦海裡形成畫面了嗎？很好。現在再想想看，你省略了哪些步驟？你是不是忘了考慮從現有位置回到家門前的這段路程？但是你的大腦是不是沒有提醒你？比方說，你可能必須離開現在這棟大樓，堵上好一段車才能回到家？從頭到尾，大腦一聲警訊也沒有傳來，你的腦海便直接想像將鑰匙插入家裡大門的畫面。

大腦神經科學將這個現象稱爲「時間旅行」（time travel），我則喜歡將這個現象稱爲「大腦的量子能力」（quantum capacity），簡稱爲Q能力。我們不只能夠想像過去與未來，更可以跳脫當中所涉及的時間移動，這種能在時間軸上跳過各步驟的能力，是人類相當大的優勢。如果少了Q能力，我們將陷入癱瘓，長達一個小時的事件，就得花上一個小時來計劃。這樣的結果，形成了一種能力悖論，也就是大腦的長處——Q能力，反而導致時機決策能力低落。我們在時間軸上來去自如、瞬間移動的能力，恰恰讓我們錯過事件間隔、停頓等眞正重要的時間元素[1]。

人類大腦還有一個特性，讓取得掌握時機所需的重要資訊難上加難，那就是人腦的能力限制。當許多行爲與事件同時發生，其中將存在一種進行模式，但人腦對於這樣的模式，卻缺乏具像化與探索的能力。我將這樣的局限稱爲「科普蘭的限制」（Copland's Constraint），亞倫・科普蘭（Aaron Copland）是美國古典樂作曲家，曾經指出人類難以同時聆聽四種以上的旋律，一旦編曲同時呈現四到五種不同旋律，在人耳聽來只會是一團混亂，無法聽出樂音內部的組織與編曲模式。

同樣的道理，任何時刻皆有成千上百起事件與流程同步進行，當中的進行模式我們卻很難看出來。比方說，在預測許多破壞力強的因素巧妙結合促成的「完美風暴」（perfect storm）時，我們需要監控、解讀大量數據，這些數據來自許許多多同時進行中的流程、事件、行爲與結果；然而，如此龐大的資訊量，人腦根本無法處理。

在某種意義層面上，我們對環境的適應力極差；我們是順時的生物，說話時一個字又一個字地表達，走路時一步又一步地走；我們在計劃、思考的時候，同樣也是一步一步來。但是，我們所處的世界充滿了平行事件，這導致了一個後果：**我們因爲缺乏平行視野、無法融匯理解當下的平行事件，因而無法有效預期由平行事件所衍生發展而出的未來。**

Q能力與「科普蘭的限制」這兩個人腦特性，讓我們非常容易錯失掌握時機所需的資訊；也因爲如此，以「時間貧乏」的敘事觀爲基礎所創建的數學模型，自然不會、也無法告訴我們經濟泡沫何時產生、資產流動危機（liquidity crisis）何時降臨，或者「完美風暴」將帶來哪些可怕後果。因爲在這樣的數學模型裡，缺乏進行預測未來所需的重要時間資訊。

茉莉花革命成功的原因

新聞當中的事件，也面臨了一樣的問題。我們在網路上和廣播中閱聽的新聞，都缺少時間特點等相關資訊，因此是不完整的。一旦少了這些資訊，我們便無法理解事件爲什麼發生，也沒有辦法預測未來走向。這些資訊之所以被遺忘（究竟少掉多少資訊，讀至本書最後幾章時，就能看出嚴重程度），並不是因爲新聞版面不夠，也不是編輯誤判所致。問題的根源，在於影響時機的時間相關資訊，壓根不在撰稿記者、新聞編輯或終端讀者的思考範疇內。

人們常常強調「系統風險」（systemic risk），說要把獨立的事件點之間加以連接。但是在連接點與點之前，首先必須找到點的位置，才有連結的可能。但如同二〇一〇年冬季奧運的意外所示，找到點，談何容易。因此，解決問題的關鍵，絕對不在資料探勘（data mining）。光把幾百萬筆四散的資訊拼湊在一起，再將點與點之間做連結並不能解決問題，因爲即便資料基礎再完整、搜尋演算法再精良，只要關鍵資料如果一開始沒有被記錄下來，就不可能挖掘得到。

當我們將眞實事件的各項時間特點，諸如間隔、節奏、時間序列等列入考量後，我們不只能更有效地預測未來事件，更可預測未來事件何時發生。在此，「阿拉伯之春」（The Arab Spring）提供了「時間充實」（time rich）敘事法相當好的範例。也許各位對「阿拉伯之春」這起不久前的事件仍有印象？這起起因於突尼西亞國內，一名小販因受警方羞辱憤而自焚，於是引發一連串的示威抗議，最終導致突國總統下台的事件，當時所有人的心中，都有一個共同的問題：接下來會發生什麼事？這把抗議之火，是否會延燒到埃及？答案卻沒有人知道。首先，爲了更進一步了解當中的時機問題，我們來看看事件簡史。

二〇一〇年秋天　埃及舉行國會大選，普遍認爲是不誠實的選舉。

二〇一〇年十二月十七日　突尼西亞籍小販穆罕默德·布哈吉吉（Mohamed Bouazizi）自焚；翌日，布哈吉吉家鄉民眾開始示威抗議。

二〇一一年一月四日　突國總統至醫院探視布哈吉吉，外界普遍認爲太晚且誠意不足。布哈吉吉隨後宣告不治，突國民眾得知噩耗，加以國內失業率居高不下，民怨四起，上演暴力抗爭。

二〇一一年一月十四日　突國總統本·阿里（Ben Ali）因抗爭壓力下台。

二〇一一年一月二十五日　埃及國內一場醞釀長達數月、以反警方暴力爲宗旨的示威活動如期展開，情況快速升溫。

二〇一一年二月十一日　埃及總統穆巴拉克（Mubarak）被迫下台。

各項時機因緣，促使革命成功

爲突顯時機問題如何導致穆巴拉克下台，我們來調整各項時機安排。首先我們來更動順序，假設突尼西亞事件晚了五個月才發生。這樣的更動會產生兩個後果：第一，突尼西亞事件和埃及秋季大選在時間上錯開來了；當導火事件和主要事件相隔太遠，一開始所凝聚的民怨容易散去。第二，這代表突尼西亞事件要等到一月二十五日，埃及抗議警方暴力的活動展開之後，才會上演。也就是說，二十五日當天的抗議者將無法以突尼西亞爲效法對象，因爲這場茉莉花革命根本尚未發生。

再來，我們不更動事發順序，轉而假設埃及國內並未有預先計劃好的抗爭活動。如此一來，茉莉花革命雖然仍將造成埃及國內情勢緊張，民氣卻缺乏宣泄破口。我們知道，抗議活動要有單一時間破口，才更能集中火力，匯聚力量。這是高中物理定律：壓力＝力量／面積；面積愈小，壓力愈大。

最後，我們試著讓突尼西亞事件循不同軌跡發展：假設原本快速升溫、數週內直接導致本·阿里下台的茉莉花革命，如今戰線拉長，得耗時數月才能完成，那麼革命影響力一定與原本大相逕庭。根據一般定律，較能造成立即影響的物理肇因，力量較大；人類行爲也一樣，巨大目標達成的時間若縮短，功效觀感也會隨之提升。因此，茉莉花革命之所以能做爲強而有力的典範，並不純粹是因爲它達成了什麼成果，更在於其達成成果的極快速度。

由此可知，只要時機安排稍有更動，穆巴拉克極可能仍然大權在握。當然這點我們無法百分之百確定，也許示威抗議還是會促使穆巴拉克下台，但可以確定的是，一旦將各種時間特點列入考量——抗議事件的時間形狀、事件發展的極快速度、反警方抗議活動的日期選擇，以及該日期與其他事件的相對時間位置等，的確就能更清楚了解事情狀況與事發時間。因此，只要在思考過程將時間特點納入考量、即時監控，我們便能爲未來做出更好的準備，而我們對可能風險的評估，也將更準確。

培養時機管理的四大能力

我發現，每當我告訴別人我寫了一本以時機爲主題的書，大家總會對這本書有許多假設。因此，我在這裡有必要和各位說明本書的定位。在電影《北非諜影》（*Casablanca*）片末，警察隊長對部屬說了一句有名的臺詞：「去把平常抓的那票人抓起來。」所謂平常抓的那票人、那些嫌疑慣犯，本書一概不談。

本書談的不是速度，因此與快速、彈性等組織及個人快速應變的能力無關。本書講的也無關效率，不是要教你怎麼在更短的時間內做更多事。本書和股票市場一樣沒有關係，並不教你如何掌握進退場時機。至於有關如何在有限時間內做完該做的事、如何決定優先順序、如何更有效管理時間或專案、如何做事更有組織等，也都不是本書的內容。我們並沒有要討論如何提升經營能力，也不談情境規劃、趨勢分析、預測未來等；簡言之，平常談的主題、那些嫌疑慣犯，本書一概不談。

本書談的，是四大時機管理能力的培養。這四大時機問題，組織團體皆必須面對，個人在生

活與事業上也無法逃脫，分別爲：

1.掌握最佳行動時機；

2.管理時機風險；

3.看見時機的重要性；

4.選擇合適的時間設計。

接下來，讓我們逐一檢視這四項能力。

掌握最佳行動時機

第一項時機管理能力，可以簡單用一個問句總結：「何時？」何時推出新產品、進入新市場、收購新公司、投資新科技、重整舊有組織架構、執行既有策略計劃，或者另闢蹊徑？何時是最佳行動時機？[2]

關於最佳行動時機，指揮家雷納德·伯恩斯坦（Leonard Bernstein）如此形容：

指揮下手的最佳時機，只在一瞬間。下手前，樂團必須就定位、樂手必須做好準備，指揮必須凝聚氣力、貫注意志於眼前曲目；要等到台下閒談間歇、最後一聲咳嗽終止、節目手冊不再被翻閱、樂器全懸於空中蓄勢待發之時，驀然出手。一秒之差，都是太遲。[3]

伯恩斯坦之所以熟於掌握時機，在於他清楚了解演奏開始之前，當下時間運行的模式——演奏開始前，場內氣氛與張力不斷攀升，只待適當時機一瀉千里。

許多主管面臨時機問題時，典型地會想到速度，以為就是要快速採取行動、打擊競爭對手。當然，搶得先機的確能帶來競爭優勢，但這樣的命題有下列前提：

- 當「領先者」的形象相當重要時；
- 當「學習與經驗」相當重要，且難以模仿時；
- 當「顧客忠誠度」相當重要，顧客容易一試成主顧、不再考慮其他競爭者時；
- 當搶得先機可以掌控稀少資源，或是獨佔市場利基時；
- 當搶得先機可以及早鞏固與供應商和經銷商關係，取得成本優勢與優惠待遇時；
- 當早期、具規模、無法逆轉的投入，能嚇阻競爭者進入同一市場時；
- 當採購方更換供應商會帶來高轉換成本時——一間公司一旦已經為了適應供應商的產品而注入相關投資，便不會輕易更換供應商；
- 當搶得先機就能結束遊戲、成為贏家時——有時候，競爭者之間會有所共識：由於持續競爭對各方都有害，因此有任何一方勝出時，便須停止競爭。[4]

但是有時候，等別人身先士卒，會是更好的策略。譬如說：

- 當你稍後可以迎頭趕上時——一間公司在製造、行銷、經銷上可能具有特別長處，因此可以快速追上領先者的腳步。這樣的公司有足夠的餘裕，讓其他公司身先士卒，負擔教育顧客的責任、承擔摸索與犯錯的風險，爾後再參考對方心得，快速趕上。
- 當市場上充滿不確定性時——有時候，暫緩行動、等待市場準則浮現、靜盼相關風險明朗化，是比較聰明的做法。太早行動容易培養到錯誤的能力、投資到不當技術，當環境改變必須調整方向時，也必須面臨極高成本。

第一個停止鼓掌的，也是第一個被判刑的

此外，如果市場上其他人還沒準備好跟進，搶得先機反而會陷於劣勢。我所知最戲劇化的案例，發生在蘇聯「大整肅」時期（the Great Purge）。某次共產黨會議結束前，衆人集體站立鼓掌向史達林致敬，掌聲如雷，幾分鐘後仍不停歇。但隨著時間一分一秒前進，會場的氣氛也變得如履薄冰、愈來愈僵，沒有人膽敢率先停止鼓掌。

台上的書記官自然不敢，因爲前任書記官才剛被逮捕，而且現場也有祕密警察在座。終於，在長達十一分鐘的掌聲之後，台上的一位造紙工廠主任身先士卒，雙手一收，自顧坐了下來。全場見狀，終於鬆了口氣，紛紛也跟著坐了下來。果不其然，當天晚上工廠主任即遭到逮捕。訊問者先是告訴他：「絕對不能第一個停止鼓掌」，接著宣布判處十年徒刑。[5]

這則可怕的故事，卻也有幾分好笑，我們之所以笑得出來，部分是因爲事情發生在許久以前，與我們無關。然而，故事卻也突顯了兩個重點：**首先，第一，並不代表最好；再者，「何時」做什麼事，並不是個容易的問題。**

管理時機風險

第二項時機管理能力，談的就是「風險」。我們常常會遭逢預料以外的時機風險，並且事後

才後悔沒有及早發現，如二〇一〇年的冬季奧運就是如此。財經作家馬克・英格布瑞岑（Mark Ingebretsen）在《公司爲什麼會倒？》（*Why Companies Fail*）一書中，給了我們另一個典型的例子。

一間美國食品製造商於鳳梨生產地的上游蓋了座鳳梨加工廠，計劃以駁船運送原料。不幸的是，他們剛好碰上了水流最湍急的季節，駁船無法航行。雖然我並未親眼目睹該工廠的獲利化爲泡影的實況，但當時的情景不難想見：憤怒怨懟、互相指責，可能還有人工作不保——這種處分當然完全可以理解，也算是公平；畢竟，帶頭的人早該看見問題，錯就錯在沒有將時機因素列入考量。[6]

當我們想到風險的時候，常常想到的是類別——眼前的風險是什麼類型？我所站穩的市場利基，是否有新競爭者進入的可能？我的創新能力是否會受新法規影響？新科技是否會淘汰我的產品與服務？在考慮了類別以後，我們想到的是規模——風險有多大？風險成眞會有什麼後果？然而，除了類別與規模，還有一個重點必須思考，也就是時機。譬如說，「完美風暴」成形的風險，何時可能發生？我又能有多少預警？

看見時機的重要性

二〇〇九年，有人問微軟執行長史蒂芬・鮑爾默（Steven Ballmer）工作上最大的挑戰爲何。鮑爾默答道最大的挫折來自於：「當應該被預期卻未被預期的問題出現，或是當根本無法預期的問題出現，進度因此受阻時。」[7]

並非所有的時機問題都顯而易見。比方說，你也許知道你必須針對人事的解雇與招募做相關決策，卻不知道可以做決定的時機窗口正快速縮小。或者推出新產品線時，你也許關注競爭對手會如何因應，卻沒有想清楚你的行銷計劃，應該也要因應對手出招的時機而有所調整。又或者你也許直覺知道一項進行中的計劃會延遲，卻沒有想到要如何立即採取行動，保護人員與資源不受延遲的負面影響。**商業活動只要具有一定的複雜性，就有許多必須關注的時機問題，本書將會幫助你找到這些時機問題，讓你不至於在問題出現時被殺得措手不及。**

選擇合適的時間設計

有時候，在單一時間點執行單一行為是可行的。比方說，假設一位同事突然辭職，一個高度專業、必須受訓才能勝任的職位空了出來，需要立刻找人替補，於是你馬上從自己信任的人脈網裡，找來擁有相應經驗的人選。

但在更多時候，我們的行爲必須具有時間長度。比方說，爲了確保下任執行長人選適當，董事會及現任執行長可能得花上數年的時間，考量適合人選、進行面試，並從候選人當中挑揀人選試用，最後再擬定行動計劃，安排接棒事宜與時程，所有事件的時機皆必須非常小心安排。

選擇合適的時間設計，需要深思熟慮：該先做什麼事？是不是該慢慢來，先設計出原型再試水溫？又或者，是要先暫停一會兒，還是愈快行動愈好？每一種策略都有其適用時機，取決於事件的情境脈絡。本書將協助你選擇合適的時間設計，也就是幫助你找到對的時間順序、適當的速率與合適的節奏，以便安排所需的資源、完成該做的事。

不能暫停的會議

喬治・米切爾（George Mitchell）在北愛爾蘭事務上貢獻良多，獲諾貝爾和平獎提名。他在安排時任英國首相東尼・布萊爾（Tony Blair）與愛爾蘭總理柏帝・埃亨（Bertie Ahern）會面時，所遵循的原則實爲有效選擇時間設計的典範：

> 週二一早會議開始時，我就講清楚，事情沒談完前，無論如何都不能休息，絕對沒有要求暫停的空間。我就是要讓雙方知道，我絕不考慮休息的提議。如果有人說：「我們只差那麼一點，大家都累了。暫時休會，下禮拜再繼續吧！」
>
> 我會直接說：「不可能，在結束之前，我們絕不休息。不可能休一週、不可能休一天，也不可能休一個小時。達成協議也好，談判破局也罷，無論如何都要有個結果。有了結果，我們再走出這扇門，向媒體與全世界交代成敗。」[8]

前述這段話，包含了兩個重要決策。第一是關於時間間隔（這點我們將於第三章討論）：米切爾要求會議流程必須連貫，絕對不能被間隔打斷，也就是說不能有空隙、暫停、間歇，而是要持續努力直到達成協議爲止。第二個決策，則與這個設計使用的時機有關：米切爾受到英愛雙方尊重，因此有權力選擇時間設計。但是同樣重要的是，他除了知道自己有權力選擇，也知道在這個情境當中，連貫設計比起間歇設計來得更好。

時機分析，預見行動的關鍵時刻

時機分析是一套有架構的方法，幫助各位在各種情境中蒐集掌握時機所需的資訊。在最基本的面向上，時機分析法有三個步驟：㈠找到任務及環境中的固定模式；㈡分析這些模式；㈢將獲得的資訊拿來幫助決策。

時機分析的核心在於搜尋固定模式，但是並非所有模式都具有意義。對掌握時機有幫助的模式一般有兩種特性：第一，它們具有六種元素，後續我將一一列舉；第二，這些模式的結構，可以用我們所熟悉的樂譜來進一步表示。如果你不是音樂家，別擔心！我在圖 I.1 節錄了貝多芬第五號交響曲的部分樂譜，提供各位參考。

即使樂譜看起來很複雜也不用擔心，這裡不需要用到樂理相關知識，而是要看整體樂譜的結構。如你所見，這份樂譜有縱有橫，縱向來看，有許多不同樂器，分別負責不同聲部。每一個聲部的音符，則是由左到右，沿著橫向演奏。出現在同一縱軸上的音符會被同時演奏，形成和弦、和聲，或者不和諧音程（dissonance）。同一橫軸上的音符則先後被演奏，形成旋律。整張樂譜上，音符與音符之間的縱橫關係，是爲樂曲的編曲（composition）。

綜觀直橫脈絡，掌握重要時間點

請簡單想想自己平常的工作，若是拿來與樂譜相較，並不乏共通之處。只要情況涉及時機問題，通常都有許多不同的聲部同時進行（縱軸）：一間公司可能正在做一件事，另一間則在做另

圖 I.1 貝多芬第五號交響曲樂譜節錄[9]

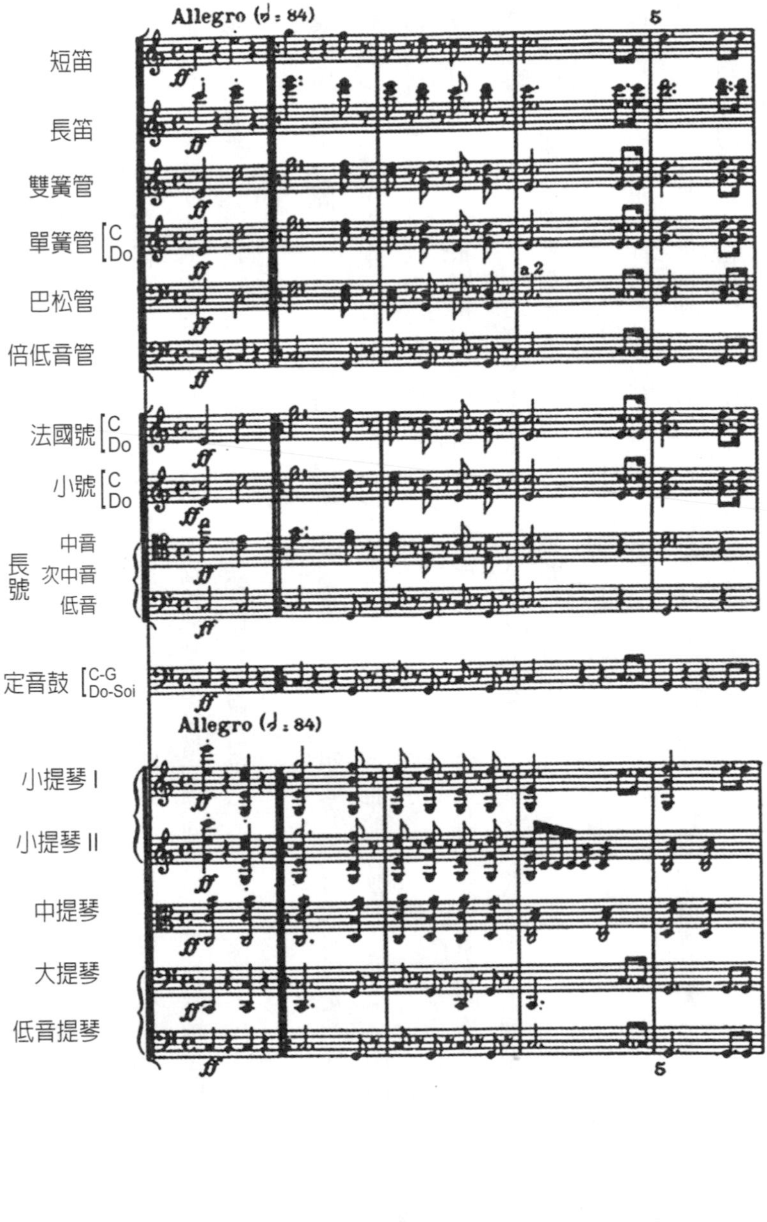

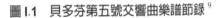

一件事。同時，每個人、每個團體，都在同一時間內嘗試演奏自己的旋律（橫軸）。每一個旋律（一系列行爲）都有自己的順序、步調與節奏；至於這些同時行進的旋律之間，究竟是形成合聲、不和諧音程，甚或是雜音，將決定一項行爲適合執行的時機。

若仔細檢視任何商業環境中的事件發展，都可以發現六大時間元素，其中前五項爲時間序列、時間句逗、間隔/歷時、速率與時間形狀，所描述的都是樂譜的橫向發展。至於縱軸表現，在此我要借用音樂理論當中「複音性」（polyphony）的概念，做爲第六大元素。後續，我謹就六項元素逐一簡短介紹。

● **時間序列**：時間序列多指事件的先後順序，與旋律當中的組成音符有先有後是一樣的道理。在時機敏感的情況當中，對於事件順序的了解不只相當有用，也非常必要。比方說，產品可以先製造再賣，但是也可以先賣了再製造。

● **時間句逗**：此項元素所指的是事件或流程的開始、暫停與結束。時間句逗就和寫作所使用的標點符號一樣，是要在一連串的行爲與事件當中，插入逗點與句號。比方說，所有的商業事務都有完成期限，而每一項計劃或流程，也都一定有開始的日期。

● **間隔/歷時**：意指事件之間相隔的時間長短，以及各事件所耗費的時間。如同人生中的大小事，商業情境中的每一件事，都得花時間完成。

● **速率**：意指事件進展的速度；有些事件進展快速，有些則發展緩慢。相信所有人都有計劃超時、預算超支的經驗，也都曾因市場變化之快速而感到驚訝。

● **時間形狀**：意指事件發生的節奏或其他發展模式，如循環模式、反饋迴路（feedback

loops），或者是事件發展的高低起伏，如市場低點是單觸底或雙觸底。

● **複音性：**任何模式當中，都可能有好幾件事情，同時循不同軌跡進展。複音性所探討的，就是不同軌跡之間的相互關係。如中國經濟的遲緩，加以歐債危機的效應，就很可能會影響到美國的經濟情況。

一間公司的內部要有組織，才能順利運行。同樣地，正是因爲有這六大元素，分別組成如樂譜般的橫向與縱向模式，讓情況有了組織，我們才得以從中獲得與時機相關的洞見。舉例來說，當某個和弦響起，意謂不同事件/音符同時出現時——有市場、有產品、競爭者落後你許多時，可能就代表機會窗口已經打開。不同事件如果同時發生，有可能會產生完美的配合，導致意想不到的成果，也可能會產生悲劇性的意外。總而言之，這裡所要強調的重點，就是掌握時機之前，一定要先掌握樂譜。[10]

進行時機分析時必須找到的各種模式，我稱之爲「時間工程」（temporal architecture），因爲這些模式有一定的結構、一定的用途，而且和實體工程建物一樣，帶有美學與情感性質，有適合的用途與不適合的用途（有關時間工程之詳細討論，請見附錄）。在探索與檢視時間工程的過程中，你將發現自己原來比預期中更能掌握時機，也更能預測情況發展。原本未知、未定的事物，將不再神祕。

時機分析的目的，並不在於預測未來，而只是去應用各種原本看不到，或者未被檢驗的既有模式。同樣地，時機分析也不是將抽象的模型、框架或研究結果，拿來四處套用——別間實驗室、別家公司、別的產業或別的時間點屢試不爽的策略，並不一定可以解決眼前的挑戰。因此，我們應該將時機分析，視爲一種診斷型的分析工具，用以因應日常各種奇特、複雜、混亂、現實的挑戰，也就是去因應大家所說的「日常中的實際狀況」。

時機分析有許多用途，不但可以針對你或你的組織現有的時機管理與決策方法加以補足與延伸，並在必要的時候給予批評與修正，也提供了一套討論時機問題的共同語言。有了這套共同語言，表達方式差別甚大的部門之間，如財務、經濟、軟體工程、行銷等部門各有各的語彙和語言，溝通就能更順暢、合作也能更緊密。各部門所提出的時機解決方案，因此將可以和其他部門分享，也可以進一步由所有人共同發展；如此一來，公司整體的時機策略，勢必能更加整合。

六面透鏡，幫助你看見魚在哪裡

要看出時間模式，必須先找到模式的組成元素，因此本書前六章將逐一探討六大時間元素，分別提供例證、圖解，說明各元素可能出現之處與尋找重點。各位不妨將各章視爲不同透鏡，戴上後即可以清楚的眼光針對該章所論元素進行尋找與檢視。

「給人魚吃，不如教人釣魚」這句話，相信大家都聽過。本書提供豐富例證、各式工具與技巧，讓你能在事業上直接運用，這些內容可以幫助你解決某個問題、進行某個困難決策，這些是屬於「給你魚吃」的部分。但是，我之所以將各章節形容爲「透鏡」，原因便在於本書更大的重點，是教各位在各種情況下看見並分析時機問題。這些透鏡就好像望遠鏡一樣，能讓你看見原本看不見的東西，這就屬於「教人釣魚」的部分，也是對我來說各章節裡更深、更重要的學習。

前六章皆以一到兩個不等的案例爲始，用以引導各位，幫助各位將時間元素放在情境脈絡中檢視。案例所涉及之時間元素，我也會針對其性質仔細說明。一般而言，可以條列的元素性質約在六項以內，隨不同元素而有增減。這些性質相當重要，因爲他們正是時機風險的來源。獲得了風險相關資訊以後，我會談運用的方式，主要分爲兩個面向：一、事前爲未來可能遇到的問題做準備；二、事後檢討時機失誤如何致使計劃成果不如預期。

談論完風險，各章將再接著談選擇與機會，這部分是要教導讀者運用時間元素，以提升工作效率、增加利潤。最後，各章再以「時間想像」做結，透過簡短的篇幅，描寫一些我覺得有趣的內容。這個部分對我來說，就好像餐後甜點，輕淺、富有樂趣；當然，我偶爾也會寫些主菜等級的內容。另外，在前六章章末，還會有章末總結，用以重申章節主旨。

在第七章，我進一步將前六章的六大時間元素匯整集結，示範這六大時間透鏡在一般商業情境中的應用。我們將研究某位執行長與公司同仁之間的會議，看他們針對是否推出新產品，進行相關討論。本章的重點在於說明如何運用六大時間元素，幫助自己找到對的時機，有效提出建言。最後，本書的終章將提供時機分析的進行步驟與方針，算是在前幾章所打下的基礎之上做更進一步的延伸。

隨著你的眼光愈來愈準，也愈來愈能有效找出時間工程當中的各項元素，以及其所形成的時間模式，你也將發現一個更豐富、更複雜的世界。其實，只要我們願意窮源竟委，願意去剖析建築物內部的結構，或者進行大腦核磁共振掃描研究，對於這個世界，我們就會有更深的了解。然而，**時機分析絕不是要把世界變得更複雜，而只是要忠實呈現世界的複雜性，讓我們可以見平常所不見、思平常之所不思。**好消息是，世界雖然複雜，時機分析能幫我們更有效地管理這個世界的複雜，可說是非常強大的工具。

時機分析之所以重要，是因爲幾乎所有主管可能面對的情況，它都適用。一方面是因爲阻礙我們掌握時機的因素，絕非只存在於特定場合、組織或角色中，而是以「科普蘭的限制」與「Q能力」的型態，時時刻刻伴隨著我們。另一方面，則是因爲時機分析所使用的工具與技巧，具有相當的一般性。沒錯，要是把這個世界視爲一座又一座的孤島，且每座孤島都需要不同的思考方式，不只沒有效率，還會適得其反。我們需要的工具，必須要能用於不同情境。

在一個複雜的世界裡，領導人與主管總是得考慮許多不同因素，諸如財務、法律、經濟、組織、競爭、策略、政治、心理等不同面向，因此本書特別援引豐富例證以幫助讀者。在做時機決策之前，尤其是當事關成敗之時，領導人與主管更必須全面思考、探詢問題的各個面向。而且，時機相關能力的培養，需要跳脫事物表面、向下鑽研，找出潛藏的時間設計或時間工程，其中最好的做法，便是在不同脈絡中，找到一套時機原則。

各章所舉的例證，可以分爲兩大基本類別。其中一類描述的是外在世界中特定環境裡的狀況；另一類則是我們可以採取的行動。這兩個類別，分別也反映出了時機分析的二元用途——要先了解環境、知悉採取行動的最佳時機，接著再設計出一套適用於該環境的長期行動計劃。

掌握時機，是門藝術

雖然我提供的是各種實用工具，要幫助各位實際解決時機問題，但是時機相關的技巧，其實也是一種藝術，其過程並不能加以自動化，也不能光以數字處理。有關時機管理恰如藝術的論述，我想沒有人可以比傳奇劇場導演彼德·布魯克（Peter Brook）論彩排時，說得更精彩了！

> 有些時候，所有人的注意力，必須專注在一名演員身上；但也有些時候，個人得放下手邊的工作好讓團隊運作。其實不是每個面向都能被探索的，如果要和每個人解釋每件事的每個面向，效率不可能好，整體成果也將因此受害。因此，導演必須要有時間觀，也必須去感受整體過程的韻律，並觀察流程如何切割。
>
> 舉例來說，討論劇本有其時候，忘掉劇本也有其時候；忘卻一切、沉浸喜悅、盡情放縱，並且從中體悟有其時候。讓人無後顧之憂地盡情揮灑，也有其時候。但是，導演也必須掌握另一個時間點：必須看見演員開始過度揮灑才華因而沉溺、眾人開始過度雀躍因而迷失的時候。一旦這個時候到來，從某個早上開始，一切都必須轉變：殺青必須成爲最大目標，嬉笑與花言巧語必須褪去，所有的注意力必須專注集中——或是在旁白、或是在舞台呈現、或是在技巧、或是在聲量、或是在觸動觀眾。
>
> 是故，導演如果只知採取僵化做法，無論是使用專業術語來討論演出的節奏與聲量，或是因爲這樣的做法缺乏藝術性所以敬而遠之，都是愚笨的。導演太容易就受到單一執導方式的局限。[11]

從這段話可以看出，布魯克確實是懂得完美解讀環境的劇場大師。他知道自己可能會面對什麼問題，也知道問題什麼時候會出現，更知道在問題出現的關鍵時刻，自己要怎麼讓彩排順利進行。布魯克所關注的，並不僅止於戲劇本身和演員技巧，更在於彩排的時間設計。他懂得聆聽流程行進的節奏，觀察其疏密，並且找到必須停下腳步、改變方向的時候。在某種意義上，這段話一語道破了任何領域當中，什麼才是眞正的時機智慧。

布魯克的高度並非一蹴可幾，但是花時間培養時機技巧絕不是虛擲光陰，尤其是當你或你的組織想要搶得市場先機、有效執行策略、避免成本失誤的時候，時機技巧更是値得投資。**讀完本書以後，你一定可以建立一套更新、更有力的方式來檢視工作與生活**。你在執行一切行動與行爲的時候，時機將更恰到好處，成功也因此將更加近在眼前。

1 時間序列

「時間，是大自然避免事物在同一時刻、同時發生的方法。」

——約翰．惠勒（John Wheeler）[1]，美國物理學家

想像你把水倒入漏斗中，所有的水都在同一時刻，爭先恐後地從漏孔流出，結果必定是一團混亂，這就和有人在電影院大喊失火時，所有人一齊往出口衝的情形一樣。漏斗的原理，是藉由重力及其他力量，使水分子排列整齊，快速旋繞從漏孔流出。我們看到一只漏斗，再看到它的形狀，就知道它的功能；但是，我們卻很少去思考漏斗原理當中，所潛藏的重要時間機制——時間序列。

和日常生活一樣，在商業上我們看得到、摸得著的事物，最容易管理，也最容易操縱，因此新科技不斷推陳出新、舊包裝不斷被重新設計。時間序列則是無形、抽象的概念，因此容易遭受忽略；但時間序列是非常重要的時間元素，非找到不可。調整時間序列，如改在需求出現以前，而不是以後才推出新產品，可以完全改變企業所面臨的機會與風險。調整時間序列，或是換種方式來描述時間序列，也可以改變產品給外界的觀感，因而影響銷售表現。

找到或注意到時間序列這個元素，是有效決定行動時機的重要關鍵。舉例來說，知道一個國家製造核武需要經過哪些步驟，有助於決定出手干預的時機——如果你必須這樣做的話。我們必須訓練自己的眼力，以找出環境中的時間序列。時間序列除了提供我們時機線索，也可以幫助我們了解某些事件為何延後。比方說，由於歐盟沒有既有的退出流程，供成員國在不使自己與其他成員蒙受風險的情況下退出聯盟，因此若是有退出歐盟的決策，也勢必會暫緩，甚至可能永遠不會執行。

時間序列的六項特點

當你發現一系列不同事件，像搶著流出漏孔般的水分子一樣，形成時間序列時，請務必拉近距離、仔細觀察。時間序列並不只是事件發生的先後順序而已，還有其他特點：

1. **順序：**指的是先後順序，以及事件為何如此排列。假設A先出現，接著才是B，最後才是C，那麼這樣的排列背後是否有任何原因？是否為必須？次序調整的話，是否比較好？

2. **句逗：**有沒有明顯的階段與步驟？能跳過這些階段與步驟嗎？能晚點再回來完成嗎？

3. **間隔/歷時：**每個階段與步驟歷時多久？彼此又有多長的間隔？

4. **形狀：**會不會出現瓶頸或其他形狀（這點我稍後詳加解釋），導致進展緩慢、困難度提升？

5. **位置：**事件發生在不同的時間點，某起事件是發生在時間序列的前端、中端或尾端？隨著事件發生的位置不同，又有什麼影響？

6. **橫長：**時間序列的長度多長？何時開始？何時結束？

圖 1.1　時間序列圖解

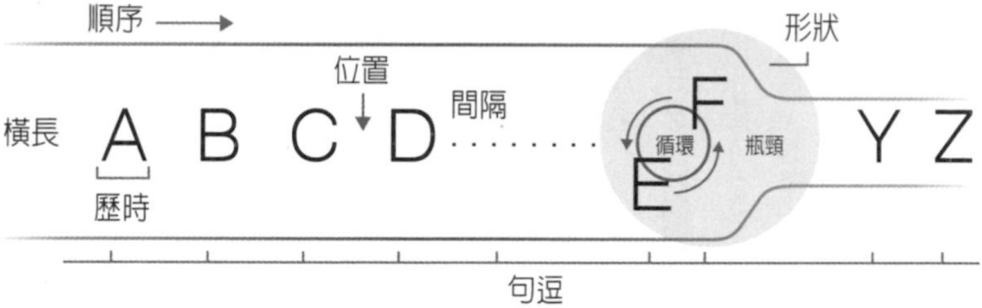

順序

舉例來說，廠商如果要推出新口味的咖啡，在對外宣布以前，勢必有下列幾道步驟得依序進行：決定口味配方、選定口味名稱、進行市場測試、調整口味、再次測試等。找出事件順序以後，接下來要問的，就是順序是否可以更動——有沒有可以先執行的步驟，或是有沒有哪兩個步驟可以對調？這樣的更動對商業是否具有好處？假設廠商先進行市場測試，再爲口味命名，會不會引起消費者不一樣的反應？或者，有沒有可以刪除的步驟？比方說，第二次的測試是否可以取消？將如何影響預算？**我們所做的任何事都有其順序，有時候如果能停下腳步、想想別種可能，往往會有很大的幫助，尤其是在習慣成自然以後。**

跑得太快的賽格威

當順序無法更動時——先後固定、不能省略，有可能會導致問題。在此，我們以狄恩．卡門（Dean Kamen）當年推出個人電動代步工具「賽格威」（Segway）爲例，說明我所謂「嚴格序列約束」的概念。

二○○一年，賽格威首度問世時，你也許看過有人騎它，也或許曾因爲它單軸雙輪的設計，認爲它看起來好像隨時都有可能讓人連車帶人翻跟斗。它之所以不會翻車，是因爲有自體平衡的設計，這也正是賽格威被視爲一大突破的原因。但在消費者尚未親身體驗以前，很難相信賽格威眞的是簡單又安全的代步工具。問題來了！要讓消費者親身體驗，經銷商得先要有貨才行，但當時販售賽格威的商家很少，因爲許多州的法律都還禁止民眾在人行道上騎乘賽格威。也就是說，在州政府修法以前，民眾基本上是買不到賽格威的。結果因爲這個緣故，狄恩·卡門的公司白白損失了五年的銷售額，因爲他們在產品可以普遍使用以前，就搶先推出上市。

賽格威陷入的是這樣一個惡性循環：經銷商在確定市場存在以前，不會鋪貨；但要確定有沒有市場，得先提供消費者試騎的機會；由於經銷商根本沒有鋪貨，所以消費者不可能試騎。由於賽格威屬於革命性的發明，在研發階段始終保密，因而導致許多下游工作，如向地方政府遊說、促成修法，允許在人行道上騎乘賽格威等，皆無法在產品公開以前進行。至於其他問題，如開發人員有沒有找到快速取得政府核准的方式，或是公司有沒有考慮過延緩上市，或者是否預先看到經銷商與惡性循環的問題等，這些問題我沒有答案。在某種意義上，這些問題對我們也不重要，這裡的重點在於強調：我們要學會在事業上提出時間序列的相關問題，才能有效預期未來挑戰。

其實，如果當初有人注意的話，賽格威一切和先後順序相關的時機風險，都可以預期。這間公司在時機策略上犯的錯誤相當典型：只把焦點放在速度上，一味追求盡快上市。本書所傳達的一大重點就在於，**只要你懂得怎麼看、也知道要往哪裡看，看到的東西一定會更多。**

沒看清楚的鏡片發明家

和狄恩．卡門一樣，另一位發明家沙爾．葛瑞菲斯（Saul Griffith），也沒有事先搞清楚自己的發明究竟得經歷哪些步驟才能成功。二〇〇四年，葛瑞菲斯在麻省理工學院攻讀博士時，爲發展中國家開發出一套低成本的鏡片客製生產方法。[2]對葛瑞菲斯來說，當時最大的挑戰在於鏡片工廠建造成本太高，貧窮國家無法負擔。因此，他提出一套能將快乾液體形塑成各種鏡片的新技術，做爲解決方案。技術上而言，這項發明非常成功。葛瑞菲斯分別自麻省理工學院及麥克阿瑟基金會（MacArthur Foundation），取得三萬美元與五十萬美元的獎助。可惜的是，葛瑞菲斯雖然是製造鏡片的專家，自己卻沒有一副「時機鏡片」，導致他看不見發明在取得成功之前所需完成的步驟。

如同葛瑞菲斯後來所說：「發展中國家最大的問題，原來不在於製造鏡片，而在於該如何讓無法取得醫療照護的民衆，接受視力測量、取得處方箋。因此，要處理的不是技術問題，而是政治與經濟的問題。」[3]由於葛瑞菲斯忽略民衆在採用新技術以前所需完成的各個步驟，他的發明找不到市場。但他在診斷問題的時候，所下的結論其實還不夠正確：他以爲這是政治和經濟問題所致，其實除了政經因素以外，時間序列問題也是一大原因。

句逗

時間序列可以分成「步驟」與「階段」，把原本連續的流程切割成不同部分；這個道理和句子裡的逗點、分號，還有段落之間的空行是一樣的。一般而言，我們認爲濃縮流程、刪除步驟，可以節省使用者的時間。但是，刪除步驟和提早插入句點的做法，並不是每次都適用。

為主婦刻意保留的打蛋步驟

舉例來說，廠商大可以在美式薄煎餅配方裡，直接加入冷凍乾燥雞蛋粉，這項技術不只簡單，消費者往後只要將煎餅粉加水攪拌，放到鍋子上煎就可以了。但是廠商相信，一旦步驟變得這麼簡單，連一點生鮮材料都不須用上，家庭主婦會有罪惡感，因此特別保留添加雞蛋的步驟，讓家庭主婦們自己打蛋。

直達終點，可能必須回頭處理一些問題

在完全不暫停或完全沒有標點符號的情況下，直接跳到最後一步的做法，也可能會遇到問題。比方說，在第一次波灣戰爭中，聯軍部隊爲了直搗伊拉克首都巴格達，一路上繞過了幾座比較小的城市。這樣的做法，的確讓聯軍得以儘早抵達首都，但聯軍也因此必須在事後回頭處理這些小城市在此段期間內所衍生的安全問題。因此，如果速度是當前的重點，除了要準備好跳過幾個步驟，也要準備好面對跳過步驟所帶來的時機問題。**記得問自己：我什麼時候才能回頭處理？回頭的時候，等待我的，又會是什麼情況？**

搶快可能觸法，供過於求不一定降價

有時跳過步驟的做法，甚至可能會觸犯法律，如金融界「搶先交易」（front-running）的偷跑

行爲就是如此。「搶先交易」，意指交易商接受客戶委託、購買某支股票時，因爲預期客戶進場將抬高股價，因此事先將股票買入自身帳戶，待股價上升再以較高價出售給客戶，以牟取利潤。

因此，如果不將時間序列裡的所有步驟都列入考量，我們很可能會犯錯。再以每間公司最基本必須關注的「商品價格」爲例，當商品的供給增加，售價會下降；當市場需求提升，價格就會上揚。但是在現實世界裡，情況並不如此單純。比方說，天然氣並不會因產量多寡與需求高低出現波動而產生價格變化，因爲天然氣並不會直接從開採地輸往消費者家裡，中間還有許多其他「步驟」。天然氣必須被儲存，如果儲存空間夠大，過多的供給就可以暫時存放，直到價格回穩再進入市場。這就好像把標點符號拿掉，會看不懂句子一樣，如果忽略了天然氣序列當中，還有「儲存」這個步驟，你一定會百思不解，爲什麼天然氣生產過剩，並不總是造成價格下跌。

間隔/歷時

在研究時間序列時，也需要注意到步驟之間的空隙（間隔），以及完成各步驟所需的時間（歷時）。

比方說，新創企業在募資時，投資人比較偏好能早期獲利的機會，他們希望看到的是投資以後，報酬緊接而來。在許多情況下，步驟之間的間隔，的確縮短會比較好。如在二〇一〇年秋天，歐洲有關當局就召開會議，希望縮短交易完成後至證券兌現的間隔，因爲將間隔縮短，能降低間隔期間發生意外事件（如違約）的風險。

如果週末變成五天，世界將以不同方式運轉

習慣上，我們將一週七天分成兩大區塊：長達五天的「週間」，與只有兩天的「週末」。我常在想，如果週末變成有五天，而週間只剩下兩天，也許二〇〇八年雷曼兄弟（Lehman Brothers）在金融海嘯的命運，便會有不同的結局。如果週末放假五天，政府就會有更多時間全盤思考，也許就能找到拯救雷曼兄弟的解決方案。

形狀

我們在思考時間序列時，通常想到的是一件又一件照邏輯排列的事情。若是加以視覺化，就是若干點在直線上排列整齊，先A、B再C。如新產品要上市，就得先有A（產品被發明），再有B（產品被製造），最後C（產品被行銷）。但不管是什麼事件所組成的時間序列，都可能受到兩種時間形狀的影響：循環與瓶頸。如圖1.1所示，循環與瓶頸兩者在視覺化後，都不是直線。

不只線性發展，還有循環與瓶頸

循環所代表的，是邏輯上典型的矛盾。以賽格威爲例，由於概念太過新穎，消費者必須要有機會親自試騎後才可能購買。但經銷商在確認市場存在之前，並不會販售賽格威，所以無法提供試騎；然而，在無法試騎的情況下，又無法確認市場是否存在。

另一方面，瓶頸則使速度減緩。二〇〇六年夏天，美國疾病管制局提出新方針，要初級醫療人員在面對病患時，無論病患有無愛滋風險因子，都應該先接受HIV篩檢。愛滋運動人士於

是擔憂，在整體醫療照護資源並未提升的前提下，若是提高篩檢人數，只會讓許多病人無法接受妥善治療。換言之，上游的措施，等於造成了下游瓶頸。如果不希望速度因瓶頸而減緩，那麼時間序列就必須有所調整，才能避免瓶頸的形成。以愛滋病患照護為例，應該讓已出現症狀或屬於高風險群的病人，優先接受篩檢與治療。

關於其他時間形狀，我們將在第五章中詳談。

位置

我們對不同步驟和階段的歷時長短，有著不同的期待，這點在商業上尤其不能忘記。當一連串時間序列有明顯的起始、中點與結束時，我們一般會認爲開頭和結尾這兩個步驟，歷時要比較短。

令人無法忍受的十五分鐘

比方說，搭飛機很麻煩，登機前必須通過層層安檢，非常累人。但在乘客坐定後、飛機準備起飛時，只要稍有任何延誤，都會令人無法忍受。要是這十五分鐘的延誤，發生在飛行途中，並不會有人發現。但若是將這十五分鐘挪到飛機降落後，讓乘客在座位上等著、不能下飛機，所有人一定又會非常不滿。當我們準備好下飛機時，就是非下飛機不可，一點延誤也不能接受。由此可知，延誤的時機，有時和延誤多久一樣重要。

橫長

橫長意指一個時間序列自始至終的長度。我們在檢視時間序列時，鮮少考慮到序列的長度，也常常因此產生許多問題。有時候，我們以爲序列結束了，其實卻不然，也有時候我們和前述的鏡片發明人沙爾．葛瑞菲斯一樣，忘了序列應該要更早開始。無論如何，忽略序列的橫長，會使我們無法預見原本應該可以預見的事件。

收不回來的玩具

二○○七年，大量中國製玩具面臨回收的命運。當時《紐約時報》的頭條〈玩具回收，餘震不斷〉（"The Recalls' Aftershocks"），就顯示玩具回收並非單一事件，而是一系列的「餘震」，許多後續下游事件也扮演重要角色。[4]美國消費者聯盟(Consumer Federation of America)產品安全主任蕾秋．溫特拉布（Rachel Weintraub）在該篇報導中指出，整個序列中的第一步是玩具回收：「第二步是將產品交回給製造商，但是第三步就不知道了。」

是的，沒有人知道序列裡的下一步該做什麼。報導也接著指出，多達八○%的回收玩具，並未回到製造商手上。其實，製造商絕對曉得這些玩具在哪裡，問題就在法律並未規定廠商有採取行動的義務。此外，就自發性回收而言，也沒有相關規定禁止製造商在海外市場販售回收商品。由於沒有人預先看見玩具回收整體時間序列所需的橫長，導致不良產品最後又回到小朋友手上。

當我們開始注意到商業環境中各種時間序列時，記得要特別注意相關序列的橫長最大值，這些序列有時可能長達數十年。一定要確保眼前的序列，在時間軸上向前、向後都推得夠遠，才不會有所遺漏。一旦我們忽略時間序列的橫長，或者其他相關的時間性質，就有可能忽略序列所帶來的相關風險與契機。

時間序列的三大風險

如果可以事先辨別，時間序列的相關風險，其實多數都可以避免。即便難以避免，也能預先做好準備，正面迎接。下列簡介常見的三大時間風險。

錯失時間序列

最常見的序列風險，正如沙爾・葛瑞菲斯的例子所示，就是完全沒有發現時間序列的存在，忘了B的發生，必須要有A爲先決條件。在此，我們舉二〇〇八、二〇〇九年美國的信貸危機爲例。當時，美國銀行部門發生了一系列相關事件，導致國債高築、房市泡沫破滅、次級房貸深陷危機。許多金融專家當下都看見個別問題的存在，卻沒人料想到這些事件會快速產生連環作用；也就是說，金融專家沒有把「點」連成「線」。但在這裡眞正的問題，並非不懂得將點連成線，而是這些點本身，都是由一連串的行爲所造成——如果A執行X，B就會執行Y，然後A就會快速執行Z，導致C受到牽連，結果一發不可收拾。於是，個人與金融組織就陷入了一連串事前沒看見、如今又無法掙脫的連環作用。如同我們後來所知，這樣的情況要找到解藥，著實非常困難。

既然時間序列這麼重要，爲什麼還是受到人們的忽略？除了序列的概念相當抽象以外，另一個原因在於人類「點狀思考」（cat-point thinking）的傾向。進行點狀思考的時候，我們首先會決定行爲的大方向，如我要在法國坎城，開一家葡萄酒與點心吧。有了大方向之後，我們才會思考行爲實踐的時間點，如我要在五十歲生日的時候開這家店。**點狀思考使得我們將注意力，全部局限在單一時間點上，而我們愈是將注意力投注在單一時間點，就愈容易忽略整體序列，看不見該點前後可能發生的事件**。

爲了避免錯失序列所帶來的風險，一定要記得問自己：「我是否已經找到所有相關事件的先後順序？」別忘了！多條序列很可能會相互重疊，同時出現。

不當反轉時間序列

當兩個步驟的位置對調，就是所謂的時間序列反轉——先A後B，如今成爲先B後A。《華爾街日報》的漫畫專欄〈胡椒與鹽〉（*Pepper... and Salt*）其中一則漫畫，講的就是將序列反轉的有趣故事。漫畫敘述主角爲了找工作到公司面試，但底下的圖說是這麼寫的：「沒約好時間就跑來面試，你的主動值得欣賞。」[5]雖然在這個例子裡，序列的反轉反而似乎留下好印象，但是搞錯順序通常會衍生問題，如在預算核准以前，就先將資金撥給某項計劃，可能就會有嚴重後果。

在許多情況下，釐清正確的先後順序並非易事。例如，當赤字居高不下、國家經濟危殆之時，第一步該如何處理？要先撙節減支，再觀察是否需要額外投入資金振興經濟，還是應該先花錢刺激經濟，爾後再減少開支？這個順序一旦搞錯，後果很可能就是景氣連續衰退好幾年。當然，搞錯順序的下場，並非總以悲劇作結。

臨時取消婚禮，幾天後仍有快樂結局

《紐約時報》曾經報導過一則故事，原本預定結婚的克莉絲汀．葛思溫（Kristen Gesswein）與史提芬．菲利（Stephen Fealy）兩人，在婚禮前一天因爲諸多壓力，突然決定取消婚禮，但是仍照常宴客，原本安排好的墨西哥蜜月之旅，也照原訂計劃進行。幾天後，兩人在墨西哥的海灘公證結婚；順序雖然反了，但兩人還是有好的結局。[6]

記得問自己：「順序弄對了嗎？有沒有可能哪兩個步驟或事件，在序列裡的位置擺錯了？如果更動序列裡各事件的順序，會不會有更好的成果？」

忽略下游事件

一般而言，一個時間序列當中的最後幾個步驟，最容易受到忽略；之所以如此，是因爲這些事件處於遙遠的「下游」，很難預先看見。雖然如此，預先看見序列終點的能力，仍然非常重要。比方說，在臉書上申請帳號很容易，但要快速終止現有帳號，可就沒那麼簡單了！

我們常常假設只要「搶先機、衝第一」，就可以成功；但是過度強調速度的結果，就是忽略下游事件。這使得我們無法全盤了解情況，也讓我們蒙受預料以外的風險。其實，時間序列的每一項性質，都有其風險與契機，即便是決定要搶先行動，也得要考慮到長程的發展，以及時間序列在下游收尾的情形，才能預先看見風險。

記得問自己：「對於未來，我是不是看得夠遠，足以讓我有效預測下游事件？我有沒有去思考時間序列如何結束？而我又該如何根據不同的結束情形，安排行爲的順序？」

六項技巧，打開潛藏的機會

時間序列及其性質除了可能產生風險外，也可能帶來新的機會。將時間序列反轉，或是新創序列，常常可以創造競爭優勢。時間序列的六種不同性質，都是創造新產品、新流程、新服務，或是改良舊產品、舊流程、舊服務的好機會，下列分別舉例說明。

謹慎反轉序列

巴西一位銷售員，曾向我介紹所屬公司的一項技術，能讓位於特定國家的零售商，在消費者結帳的那一刻，先讓錢直接在電腦上入帳，數日後再由武裝卡車護送現金存入銀行。一般而言，商家要先存入現金，款項才能開始生息，有了這項新技術，存款可以提早生息，等於是透過反轉既有序列（先存款、再生息，變成先生息、再存款），進而創造優勢。根據該銷售員指出，這項服務之所以現在才普及化，主要在於多數零售商當初都以爲現金會全面被信用卡取代，因此沒必要著重現金交易管理日的創新。事實上，正如我們今天所知，信用卡仍未取代現金。

易付卡開啓新商模，改變化療時機提高存活率

以時間序列的角度思考商業流程，常常可以獲得新洞見、新機會與全新的商業模式。比方

說，手機的易付卡，就是反轉了傳統上先通話、後付款的時間序列。

在醫療界，反轉時間序列也能拯救生命。二〇〇六年一項研究發現，在胃癌案例中，若於術前及術後皆實施化療，可以提高許多病患的存活率。傳統上，化療多在術後進行，成效不彰。[7]但在步調快速的世界裡，人們在時間序列的選擇上，通常還是會先採行早期、果斷、精準的解決方式——手術，再考慮晚期、緩慢、分散的策略——化療。但是在這裡，與直覺相悖的做法，也就是將序列反轉，反而可以拯救生命。

選擇正確的歷時

想要成功，光是掌握正確的順序還不夠，還得考慮每一階段的相對歷時長度。加拿大人體運動學教授瓊安．維克絲（Joan Vickers）這麼傳授高爾夫推桿進洞的技巧：「準備好推桿時，沉穩凝視洞口（或標竿），數三拍後，在一拍以內將視線帶回球體上，停留兩拍，然後出手。出手之後，視線保持於球體原先所在位置，停留至少一拍。」[8]

在不同脈絡當中，序列裡的不同步驟可以持續多久，都是相當重要的考量點。舉例來說，產品原型的測試階段可以進行多久？效果不好的計劃，又應該在決定取消之前，給予多少時間？生產消費性商品的公司，如果願意先投入時間與精力經營品牌，那麼之後產品要在市場上成功，就會容易許多。

新創時間序列

假設你正在爲一家公共電視台，策劃長達二十四小時的募款節目，看日曆考慮不同日期的優缺點以後，你選定了五月中旬的某個好日子。沒想到，募款節目開播當天，暴風雪突然來襲，造成地方大停電，市區完全陷入黑暗，長達二十四小時。由於沒有人做好準備，一切要恢復得花上一週時間，而且因爲電視台必須報導災情，募款節目被迫取消。在這個例子中，這種選定單一日期的做法，和點狀思考一樣，讓我們暴露於未知事件的風險當中。

分成兩階段來做節目

如果懂得時間序列的觀念，在策劃募款節目的時候，就知道選定單一日期舉行的做法，並不是好的策略。其實募款活動可以拆成兩個階段，中間以時間來區隔。電視台可以讓觀衆自己選擇，如果在第一階段就達到募款目標，第二階段的節目就可以直接取消。許多募款節目都採取這種序列策略，主要有兩項好處。第一，日期分散的做法，降低了天公不作美的風險。再者，其實沒什麼人喜歡看募款節目，所以如果可以採取序列策略，將節目拆成兩個階段，觀衆便能控制節目的長度。當然，這個做法仍須在時機上做決定，得要選定開始日期及不同階段之間的間隔長度。然而在整體上，好的序列策略還是給了電視台較大的彈性，所隱含的風險也比單一日期的做法小上許多。

選擇不同位置

將決策或行爲的時機位置向後推移，擺放在較晚的階段當中，可以帶來優勢。舉例來說，美國的專利法原先是規定專利歸先發明者所有，近來則已改爲和世界標準相同，以先申請者爲專利所有人。如此將流程向後推的做法，代表對專利局而言，產品首先被發明的時間點已非重點，而是要看之後專利申請的時間。這麼做有兩個好處：第一，鼓勵國際間在專利檢驗事務上的合作[9]；第二，對大公司而言，已申請到的專利，不會再有人聲稱自己是發明人，試圖分一杯羹。

略過步驟

略過步驟，也可以帶來商業機會。比方說，在十五年前，照片拍好後，得拿底片去照相館沖洗，當時拍照的時間序列是：先按下快門，數週後看到照片。然而，在數位攝影出現以後，按下快門的那一刻，就能即時看到成果。數位攝影讓我們跳過購買底片與沖洗底片這兩個步驟，而略過這兩個步驟的能力，一方面開闢出全新產業，另一方面也讓原本靠底片銷售獲利的柯達公司（Kodak）宣告破產。

有時候，略過步驟可以加速交易完成，如常見的銷售技巧「假想成交」（presumptive close）就是如此。[10]這項技巧意指不去問對方是否願意購買股票或進行投資，而是進一步假設對方已經決定購買，直接問對方要購入一百股還是三百股。雖然這只是行銷上的手法，但我們一樣可以從中了解到，即使是固定、舊有的流程，也可以透過省略步驟，產生新的可能性。

給予他人選擇

你所提供的產品或服務，是否遵循著一套無法改變的序列？在某些情況下，**固定的先後順序是必須的；但在其他時候，其實可以考慮給予消費者更多選擇的空間。**

可以隨意跳著讀的書

作家胡立歐．科塔查爾（Julio Cortázar）的小說《跳房子》（*Hopscotch*）所採取的就是這個策略，這本書的讀法就和書名一樣，可以跳躍來回進行，不用循序漸進。事實上，作者在書中就特別注明讀他的書有兩種方法：既可一章一章慢慢讀，也可根據作者的「建議表」隨意跳躍；當然，讀者也能按照自己的喜好來閱讀全書。只要記住科塔查爾的策略，你就不會忘記問自己：「更動順序，包含讓消費者或其他利害關係人來決定順序，能不能創造優勢？」

不論在個人生活或職場上，找尋時間序列相關機會的第一步，就是將決定成功與否的所有序列全部列出。接著，我們得問自己：如果序列可以由你或其他人來更改，對於整體表現、獲利、名聲與未來計劃等，會有什麼影響？當然，這樣的做法絕非一蹴可幾，但仍應該成爲策略規劃時的一大重點。

4S框架　何時才是行動的好時機？

了解時間序列，除了探討風險與機會之外，還有一個更大的問題：什麼時候該採用序列策略，將事情分不同步驟完成？後續提出的4S框架，能幫助各位在不同選項中做出決定。

●**單一策略**（singularity）：其實，任何事情都可以試著在單一時間點上、以一個步驟完成，也就是採用單點思考，先決定好該做什麼事，再選擇完成的時間。舉例來說，新聞記者在調查某項議題時，會先就主題進行研究，準備充分後再寫成報導。但這項策略可能有刊登時機的風險，如突然發生意想不到的危機，其他頭條搶走讀者注意，蓋過專題報導的光芒。或是刊登時間太早，大衆對主題尚未感興趣；或是刊登時間太晚，被其他記者捷足先登。

達爾文當初趕著印刷《物種起源》（*On the Origin of Species*），就是怕另一位英國博物學家艾爾佛雷德．羅素．華勒斯（Alfred Russel Wallace）早他一步出版著作。的確，當時間不夠，又缺乏其他機會時，就得把握時機，一次到位。但是一般而言，所有事情要一次完成，不但幾乎是不可能，也不是好的做法，因爲選錯時機的風險實在太大。

●**序列策略**（sequence）：這是本章的主題，你可以按順序、一步步完成序列，也可以更動、反轉既有序列。至於怎麼決定，還需要考量所屬狀況當中，各序列性質的重要性，如順序、句逗、間隔等。採用序列策略，有許多好處、也有相關風險，其中最大的弱點，便在於速度相對較慢，尤其和下一個策略相比，更是如此。

●**同步策略**（simultaneity）：同步策略最大的優勢，就是速度。在「序列策略」與「同步策略」之間抉擇的先例，就屬第一次世界大戰時，德國統帥所做的決定最戲劇化。德國當年原本的計劃，是要同時在東西邊界對付俄、法兩國，但當時德意志皇帝威廉二世（William II）擔心打不贏，所以建議不要同時與俄、法兩國周旋，改採分別擊破策略，以便貫注軍力、一次解決一個。然而，當時威廉二世的參謀長毛奇將軍（Helmuth von Moltke）卻說：「策略既定，不得更改。」[11]

正如密蘇里大學教授艾倫．布魯東（Allen Bluedorn）指出：「冷戰源自二戰，二戰起因於一戰的結果，一戰的結果又爲當時威廉二世的決定所致；因此，二十世紀整體歷史的走向，可說是由德國當年的戰略決策所決定。」[12]同步策略當時勝出，也影響日後的歷史發展。

●**不動策略**（Silence）：最後一個選擇就是什麼都不做，或至少暫時不採取任何動作。如國家安全考量等各種原因，都可能導致報導延後出刊或暫不出刊。正如馬克．吐溫（Mark Twain）所言：「字詞選對了！話就說得有力，但是最有力的，還是在時機恰當處留白。」[13]

請記得：每一個時間元素，包含序列在內，都只是許多拼圖中的一塊。眞實世界的事件是多面向的，時機問題也是如此。辨別與善用各項元素的能力的確非常重要，但若要處理眞實世界中的時機問題，六大元素及元素之間的組成模式，都必須先找到才行。本書才剛剛開始，當你讀完所有章節時，必定能以更強而有效的方式，來檢視每一天的工作。你對行爲與行動時機的掌握將更加精準，計劃也因此能進行得更順利。

時機思考題

請看上面兩張產品圖，左邊是開口朝下的番茄醬，右邊是落健生髮水。請問：兩者有何共同之處？

乍看之下，兩者似乎毫無共通點，但眞是如此嗎？一開始，落健是當做禿頭的解藥，行銷給消費者。要到後來，廠商才決定把落健也當成一種預防用藥來行銷，讓消費者在開始掉髮以前，就可以買來事先防範。還找不到兩者的共同處嗎？想想看傳統的番茄醬包裝，由於開口朝上，每次要使用時，都得倒過來拍打底部。開口朝下的設計，等於是在時間序列上，朝下游移動了一個步驟。這就好像前述專利法的規定，將專利所有權從「先發明者所有」改爲「先申請者所有」一樣。

落健的做法正好相反，是在時間序列上往上游移動。落健現在的廣告，不只強調可以事後補救，也可以事先預防。這種向上游移動的做法，和醫療界開始在術前就實施化療一樣。我們常常只看見眼前的事物與產品，忘了不同的時間序列，會衍生出不同的產品使用方法。要看見時間序列，我們需要時間想像力；有了時間想像力，便有發現產品或流程改良方式的可能。

■本章摘要

時間序列的六項特點：

- 順序：時間序列中各步驟的順序。
- 句逗：序列的開始、間斷與結尾在哪裡？序列如何分爲不同步驟與階段？
- 間隔/歷時：每一階段、每一步驟歷時多久？彼此之間又有多長的間隔？
- 形狀：序列的推展是線性的、重複的，還是循環的？
- 位置：事件在序列的前端、中端或尾端發生？
- 橫長：序列從頭到尾共有多長？

時間序列的相關風險：

- 錯失時間序列：太晚才發現事件彼此的序列關係，如房屋抵押債務擔保憑證的發明與普及，與房市快速成長之間的關係。
- 不當反轉時間序列：Ｂ理應在Ａ之後發生，卻變成先Ｂ再Ａ，如錢花了才申請預算。
- 忽略下游事件：忽略序列後端的可能演變，如在網路上傳個人影片，卻沒有事先想到可能無法移除。

- 忽略必要步驟：略過重要的步驟或階段，如在配眼鏡之前，要先有眼科醫師驗光、開處方。
- 忽略事件位置：事件在序列中發生的位置，會影響他人的觀感，如飛機在降落後誤點十分鐘令人難耐，在飛行途中延誤卻幾乎不會有人發現。
- 未預期形狀改變：沒有預先看見瓶頸的來臨，或者邏輯上的矛盾圈套，如賽格威的問題。

時間序列的相關機會：

- 謹慎反轉序列：在反轉後的序列中找到好處，如先接受商品訂單再製造。
- 選擇正確的歷時：思考事件長度對整體計劃的影響，如短暫親吻表示喜歡，延長則是求愛的行爲。
- 新創時間序列：重新設計序列以降低風險、提升彈性，如將募款節目拆成兩個階段舉行。
- 選擇不同位置：最先做的留到最後才做，或最後做的改成最先做，如在高速公路收費站幫後方車輛付過路費。
- 略過步驟：刪減既有的商業流程，如「預先合格」（prequalification）免除正式申請，直接替借款人進行信用評估，大略估算可借款的額度。
- 給予他人選擇：調整序列，優化顧客體驗，如不硬性規定網路顧客一定要加入會員才能結帳。

2 時間句逗

「布雷迪槍枝暴力預防中心（Brady Center to Prevent Gun Violence）副主任丹尼斯・賀尼根（Dennis Henigan）說：『我們之所以能逮捕他——傑瑞德・李・勞夫納（Jared L. Loughner），槍擊美國眾議員嘉貝麗・吉佛斯（Gabrielle Giffords）的要犯，是因爲他換子彈時出現了空檔。但問題是，出現換子彈的空檔，就表示他已經用掉了三十發子彈。』」

——喬・貝克（Jo Becker）與麥克・羅（Michael Luo）1

「時間句逗」（temporal punctuation），意指我們將連續的時間流切割爲不同單位，形成步驟、階段、起始、結束、中點與期限的做法。跟作文的標點符號一樣，時間句逗的功能在於指出我們所處的位置，告訴我們行動該何時開始、何時結束、何時暫停。比方說，公司行號常以會計年度或曆法年度的結束，做爲策略規劃起始與終結的參考點。又譬如，每個產業都有年度展覽、大型會議與銷售會議必須參加，這些活動的時間點，也都對新產品推出的時機有直接影響。同樣地，手上還有現金的財富管理人，也會因爲基金有金錢必須全數投資的規定，在季末重返市場。

時間有階段性，可長可短、有特殊意義

時間句逗的例子俯拾皆是，屬於日常生活的一部分。我們所熟知的「現在」這個概念，就是未來與過去之間一道永恆的隔閡；而我們手錶上的刻度與日曆上的文字，也都是時間句逗的一種。同樣地，日出與日落也是一種句逗，代表的是一天的開始與結束。而受邀出席晚餐聚會時，女主人的臉上若是閃過一絲倦容，同樣也是一種時間句逗，讓我們知道該是時候打道回府。時間句逗很重要，有了時間句逗，我們就更能了解時機問題，但麻煩的是，我們對時間句逗時常視而不見。

一定要兌現的薪資支票

我們來看一個例子，有位在雜貨店當店員的年輕人，希望能在事業上有所突破，於是在一間高科技公司找到了工作，只不過有一個前提，那就是他在證明自己是業界打孔機修理第一人之前，不得將薪資支票兌現。如果問，他「何時」才能證明自己是業界第一，相信多數人都會兩手一攤，直呼答案不可能知道。後來，這個年輕人努力不懈，也謹守諾言，暫不兌現薪資。沒想到期末的時候，會計部門因為有支票尚未兌現而無法結帳，原本早已將一切忘得一乾二淨的分部經理，才讓年輕人開始正常領薪。

故事裡的年輕人，就是ＩＢＭ的首席策略官詹姆斯・卡納維諾（James Cannavino）。卡納維諾於一九九五年服務滿三十二載，辦理退休；而三十二年前的他，就是這麼找到工作的。[2]當時，

不論是分部經理還是卡納維諾本人，都沒有注意到的時間句逗，就是會計部門在期末必須結清帳款的這個事實。

連任後才能開啓的談判

時間句逗對時機管理有這麼大的幫助，主要有兩個原因。首先，許多行爲的時間選擇，都是根據日曆安排，如跨年夜舉辦派對。其他事件則是要等到某個時間句逗之後才會發生，如美國總統歐巴馬（Barack Obama）何時才會有足夠的空間，和俄羅斯商談核彈減量？我們大家已經知道這個答案，是因爲二〇一二年三月二十六日當天，歐巴馬和俄國總理梅德韋傑夫（Dimitri Medvedev）的部分談話，透過仍在收音的麥克風傳出。當時，歐巴馬就對梅德韋傑夫直言不諱，說他連任之後才會有更多的談判空間。可以想見，如果歐巴馬在連任前對俄羅斯做出讓步，絕對會被對手批爲軟弱。

了解事情的階段性，掌握行動的時機

第二個原因，是因爲人們喜歡創造理性的表象。如果被問到爲何會選在某個時間點採取行動，大家會希望提出客觀的解釋，並以時間句逗支持自己的選擇，就算是一時興起或感情用事，也通常不會承認。他們可能會說，之所以選擇某個時機，是因爲：

- 某件事即將開始，或即將結束；
- 某件事剛剛開始，或剛剛結束；

- 剛好處於兩件事情的中間；
- 剛好處於某件事暫停時所出現的空檔。

不論是對上司、董事會、外部利害關係人或是自己，我們都希望能夠明確地解釋自己的時機決策。但這可不是件容易的事，尤其是當決策是以我所謂的「定量法則」（magnitude rule）爲依據時，就會難上加難。所謂「定量法則」，指的是以某件事情的「量」或是「發展程度」，做爲採取行動的訊號，如「當成本太『高』、市場太『小』，或是我『耐心用完』的時候，我就會去做。」

這種決策方式非常武斷；畢竟，成本要多高才算太高，市場要多小才算太小，耐心要磨多久才算用完呢？這就是人們爲何常改以時間句逗爲行動依據的原因，他們可能會說：等到季末再來評估成本，或當銷售期滿一年再來評估市場。知道他人會依據時間句逗來決定行動時機，我們因此能運用這份知識，來預測他人採取行動的時機，進而更有效掌握自己行動的時機。

由於時間句逗具有切割作用，因此也可以解釋特定行爲何以不在特定時間發生。比方說，會議有始有終，始與終這兩個句逗，便將會議中發生的事件與會議前後的事件切割開來。但句逗同時也有綑綁結合的效果，如會議中進行的一切行爲，便全部被綁在一塊了，這就是爲何如果中途離席，會給人打斷的感覺。當一件事沒有開始、沒有結尾，中間也沒有休息的時候，不論是進入或退出，都相對困難；反之，有句逗的存在，進出就相對簡單。電視節目的始末多在整點鐘與半點鐘，而不會選在整點與半點的前後幾分鐘，就是這個道理。

算出集保期滿的時間點，避開股市的腥風血雨

美邦（Smith Barney）公司的投資組合經理人約翰．古德（John Goode），在二〇〇〇年與盛博研究（Sanford C. Bernstein）公司的分析師共同進行了一項研究計劃，便與時間句逗有關。分析師透過公開可取得的數據，計算各家企業上市時所募得之資金總額，並據此推算股票強制集保期（lockups）期滿後——企業高層必須持有股票、不得出售的規定期——所將釋出的股份總額。最後，算出在二〇〇〇年的三月三十日至六月三十日期間，將有高達一五〇〇億美元的股份流入市場。

古德於三月十六日獲得該份報告，時值美國納斯達克指數（NASDAQ）達到史上最高點的前一週。根據報告結果，古德知道將有大量股票湧入市場，因此先一步將手上的基金全數避開科技股。二〇〇〇年一月初市場上的投資客，自然不知道「開始」與「結束」等句逗對股價的影響，但古德卻因為注意到強制集保期、懂得時間句逗的重要性，躲過了當年市場上的腥風血雨。古德說：「這只是很簡單的經濟學概念。」[3]

事實上，古德不是靠基礎經濟學，因為大部分的基礎經濟學課本，鮮少討論時間句逗的重要性，也幾乎沒有提到強制集保期的問題。時間句逗和一般寫作時的標點符號一樣，容易在有其他事物需考量時受到忽視，但是只要懂得善用，可以帶來很大的不同。找到了時間句逗的位置，就可以據此推論未來、有效幫助決策。

時間句逗的八大特點

和其他各項時間元素相同，要了解如何運用時間句逗來幫助時機決策，首先要學會怎麼找到時間句逗，下列簡介時間句逗的八大特點。

- **句逗類別**：句逗有許多不同種類。
- **句逗強度**：句逗有強弱之分。
- **主客觀感**：客觀上事件結束的時間，與主觀感知事件結束的時間不一定相同。
- **句逗意義**：時間句逗的意義爲何？不同利害關係人又將有何不同的解讀？
- **句逗位置**：句逗於流程當中的位置非常重要。
- **句逗數目**：句逗的數目通常不只一個。
- **句逗疏密**：句逗的間隔多長？
- **句逗並列**：哪些句逗會同時出現？

句逗類別

確切的時間與日期，可以做爲時間句逗；要找到這些句逗，只要翻閱日曆即可。處於商業世界中的大多數人，看的都是所謂的「經濟日曆」，如美國聯準會（The Federal Reserve）召開利率調整會議的日期等。但其他的時間軸也很重要，如「政治日曆」看的就是不論在聯邦或州政府層級上，所有可能會影響權力平衡的選舉日期。同樣地，我們在規劃產品上市時，也要考慮到「宗教日曆」及「節慶日曆」，如聖誕節、元旦、國慶日等。此外，「法律日曆」也必須列入考量，若有與我們直接相關的法案，其生效日期一定要注意。

除了各種不同日曆上的句逗外，還有所謂的「內部」與「外部」句逗。組織內部各項計劃的時程與時間表，我們可以輕易取得。外部利害關係人也有各自的期限要遵守，對於行爲何時該開始、何時該延期，有其各自考量。此外，我們也有必要釐清外在世界中，各種事件的開始與結束。比方說，景氣是否開始走下坡？如果是的話，那麼也許就不適合增加人力開支。

然而，我們無法時時刻刻都盯著不同的時間軸，雖然無法像美式足球隊教練那樣，可以特別指派專員負責計時，幫助決定暫停的時機，但我們還是要記得：**時間軸不只一條，每條都有各自的句逗。**

句逗強度

不同句逗，有強度與功能上的區別。

句號：在所有句逗類別當中，句號的強度最大。在多數從屬關係明顯的組織中，不同事務的確有辯論的餘地，可以討論替代方案，也可以提出反對意見。但若上層一旦下定決策，往後便不再有討論與審議的空間，一意孤行只會爲自己帶來風險。這就和開車看到停止標示卻不停車一樣，會讓生命（或職業生涯）陷入危險。

重大決策常有句號的作用。決策在邏輯上的意涵，是在不同選項中做出最後選擇；決策在時間上的意義，則是做爲現在與過去之間的一道區隔。下定決策的前後，是截然不同的兩段時間。

我們之所以看重果斷決策的能力，是因爲下定決策之後，未來與過去的種種，就可以應聲斷裂開來。這和文法上的句號可以將前一段句子完全結束，讓新句子開始一樣。此外，句號在終結過去之後，同時也創造了空檔，讓新事物得以開始。

逗號：一九九九年四月，北大西洋公約組織（NATO）屆滿五十週年，但當年北約成立的最大理由——蘇聯卻早已解體。但如同國際情勢所示，北約仍有其功能。前北約指揮官亞歷山大·黑格二世（Alexander M. Haig Jr.）便將一九九九年的週年慶典，視爲一記逗號，而非句號。在一次演講當中，黑格將軍指出，五十週年紀念的日子，應是檢視過去、放眼未來的時刻。此話一出，便清楚表明北大西洋公約組織的任務尚未完結，只是必須有所調整。

我們每個人——包含各級經理人，在時間句逗方面，都有許多決策必須進行。每當事件的發展需要標點符號介入時，我們就得思考：**是否爲事件畫上句點的時機已經來到，或是只要加上一記逗號即可，好讓我們暫時停下腳步，檢視過去、放眼未來？**

有些句逗在觀感上，比起其他句逗重要，如戰後嬰兒潮世代的「五十大關」。此外，會計年度末也會比第二季末來得更重要。當任務必須在期限內完成時，我們也必須釐清該期限是硬性期限或軟性期限，是一定要遵守，或只是過程中的一個步驟。

主客觀感

客觀句逗固然重要，主觀句逗也不容忽視。客觀句逗意指真實世界中的事件，如合約到期日或網站上線日，並無太多的討論空間。主觀句逗可以非常主觀，指的是無關於客觀事實的主觀感受，如一段商業關係或一項計劃，早在客觀上完結之前，大家可能都已經感覺到長路將盡。同樣地，一項新行動在沒有正式宣布開始的情況下，也還是可能會給人一種「全新開始」的感覺。

句逗意義

一個時間句逗，究竟是主觀還是客觀句逗，與該句逗本身的意義息息相關。不同利害關係人對同一個句逗的解讀可能不同，某甲眼中的逗號或暫停，到了某乙眼中可能更像是句號，反之亦然。又或者，如果有人好一陣子還是不回你 e-mail，是不是眞的就代表對方要和你斷絕關係？

句逗位置

在進行中的流程與序列事件中，時間句逗安插的位置非常重要。首先，時間句逗可能會太早出現。當鐵鎚敲到手指時，我們現在都知道要先冰敷，但冰敷的做法在從前並不普遍，老一輩的人會說傷口癒合需要熱度，所以要熱敷。他們所犯的，其實就是一種時機謬誤——雖然鐵鎚已經離開手指，但並不代表傷害已經結束。敲擊碰撞之後，傷害其實仍在進行，因此需要冰敷來減緩傷害，要等到傷害停止後，才能以熱敷加速復元。

我們之所以會主動宣告某件事情的終結（如經濟蕭條），原因之一是希望能夠將距離拉遠、減少傷痛；但是，另一個原因也很重要：事情得先被宣告終結，我們才能往前走，開創美好未來。

刻意延後宣讀宣言，想要套出犯人實話

時間句逗的出現，也可能太晚。舉例來說，在美國最高法院做出相關裁決以前，警方對犯人的訊問是這麼進行的：首先，警方會在未告知當事人有權保持緘默與聲請律師的情況下，直接訊問當事人。當然，警方知道這樣取得的證詞，法庭並不會採用，所以會在短暫休息之後，正式向當事人宣讀應有權利。但是即使知道自己有權保持緘默之後，當事人還是只會把先前講過的話再講一遍[4]。

警方刻意延後時間句逗插入的時間，也就是宣讀米蘭達宣告：「你有權保持緘默，你所說的一切，都將成為呈堂證供」，就是為了誤導當事人，讓當事人以為現在要收回剛剛所說的話已經來不及了。由於這項手法並不正當，最後被美國最高法院廢止。

句逗數目

在具有延伸性的流程當中，請特別注意各種現存或可能出現的句逗數量。如果句逗數量太多，可能會導致速度減緩——我們都有短程飛行的經驗，下了飛機才發現開車回家所花的時間，加上離開停車場、等紅綠燈、上下交流道的時間，竟然比飛行本身更長。之所以低估任務的耗時長短，是因為我們並未考慮到所有的句逗，忘了路途上必須跨過的各種障礙（即便我們事先都知道它們的存在）。也就是因為如此，在計劃階段就將句逗列入考量非常重要。

我們錯失句逗的原因有很多。首先，有些句逗，如無預警的延誤，是無法預期的。第二，某

些句逗並不討喜，如回家路途應該短而溫馨，但句逗卻會減慢我們的速度。第三，當句逗數量相當多時，很難全部兼顧。比方說，從機場開車回家的路上，必須剎車起步幾次？沒錯！很難估算。要找到時間句逗，必須停下來思考，但我們並不習慣將句逗列入考量。

當年剛進ＩＢＭ的卡納維諾及他的上司，都沒有將時間句逗列入考量，所以才沒有想到會計期末時，卡納維諾未兌現的薪資支票，會造成會計部門結帳困難。既然要注意到時間句逗如此困難，如果計劃中又充滿了各種句逗，我們又該怎麼辦呢？當時間句逗爲數衆多時，難題之一就在於我們缺乏一套整理的辦法，所以當我們必須鎖定某特定句逗時，並不知道該從何找起。

畫出軌道，掌握重要行動時機

要解決這個問題，方法之一便是將未來想像成數條平行的軌道，每條軌道代表不同事件、流程或行爲。有了這些軌道之後，我們就可以將如「法律日曆」上對事業會產生影響的日期，全部畫在同一條線上，再把業界重大事件日期也畫在另一條軌道，再用另一條軌道來標記企業內部策略計劃流程的重要日期，以此類推。有了這個方法，我們就可以將所有重要的句逗記錄下來。

句逗疏密

句逗疏密，指的是時間句逗之間的時間間隔，能讓我們預期原本無法預期的事件。一九九三年四月十九日，時任美國司法部長的珍妮特．雷諾（Janet Reno），下令武力攻堅大衛教派位於德州韋科市（Waco, Texas）的據點。當時，美國政府與大衛教派雙方已僵持一個月餘。整起事件始於二月二十八日，美國菸酒槍炮管理局試圖憑搜索令，搜索大衛教派領袖大衛．考雷什（David Koresh）後遭大衛教徒武裝攻擊，導致四名幹員殉職、十六人受傷。是日起，政府開始與考雷什談判，企圖說服他投降。考雷什兩度表示投降意願，卻也兩度反悔。後來，考雷什三度表示意願，承諾會在復活節過後投降，結果卻依舊毀約，導致政府決定武力進攻。在這個案例中，美國政府所遵守的時機原則，與第一次波灣戰爭時相同：若是談判破裂，便訴諸武力。

針對宗教領袖，看宗教日曆行動

時間句逗從兩個方向，影響了美國政府的決策。首先，考雷什是宗教領袖，因此選擇宗教節日做爲投降日（行爲與句逗皆爲「宗教」屬性），相當符合邏輯，所以政府願意採信。然而，當考雷什三度反悔，政府便不再抱持希望。政府原本之所以願意三度相信考雷什，是因爲雖然情況充滿暴力、無法預期，但是復活節這個時間點的選擇，非常可以理解，而且符合邏輯。但是，當這樣一個具有邏輯性與理性期待依然落空時，政府便不再期望能以理性解決問題，進而決定訴諸武力。

時間句逗對政府決策，還有另一個影響。眼見復活節過去，考雷什卻尚未投降，但是下一個重大宗教節日，要等到八個月之後的聖誕節。如果聖誕節是在五月、而非十二月，那麼政府很可能不會那麼快訴諸武力，負責談判的專家可能會再一次以理性的角度，認爲也許五月的聖誕節確有可能是危機解除之日。只是聖誕節和復活節之間，偏偏隔了漫長的八個月，這也就是爲什麼人們常說，時機問題有相當程度的運氣成分。當然，這樣說並不正確，因爲聖誕節的日期是可以預期的，只要考量到這點，就可以預測政府的行動。因此，這個事件的演變，最後等於是由聖誕節與復活節這兩個句逗之間的疏密程度所決定。[5]

考雷什的例子，點出了另一項重要原則：行爲發生或決策下定的時機愈是無法預測，就愈是會由時間句逗的位置所左右。大衛．考雷什會選擇什麼日子投降？答案是在復活節後。考雷什是宗教領袖，因此選擇宗教節日做爲投降日相當合理。明尼蘇達州最高法院何時會針對諾姆．柯曼（Norm Coleman）與艾爾．法蘭肯（Al Franken）兩人，在二〇〇九年的參議員競選爭議做出裁決？答案是美國國慶日之前。因爲這樣一來，裁決可以在放假之前出爐，不會在國慶日大遊行上造成陰影。ＩＢＭ的卡納維諾，何時才能證明他是業界第一的打孔機修理大師？答案是會計期末。什麼時候最多人會開始運動計劃？元旦過後。這裡的結論就是，**只要我們能找出對決策者至關重要的句逗，就能掌握決策者行動時機的線索**，這點在決策者缺乏其他決策依據時，更是如此。

句逗並列

當若干相似的時間句逗同時出現，我們會產生比較強的切割感。舉例來說，改變組織最強大的力量，會出現在新領導人上任時，因爲新領導人上任時，有兩個時間句逗同時出現——新領導人與新方向兩者同時來到。

有一種句逗排列的方式，常見程度之高，我特別爲它取了名字，叫做「無間隙、無重疊」。顧名思義，這個排列方式指的是，兩個先後步驟之間無縫接軌，沒有間隙、也沒有重疊。比方說，新產品緊接著在舊產品退出後上市，或是新領導人緊接著在舊領導人離去後接班。這個規則在時間的安排上，頗有「廣場恐懼症」的味道，因爲在兩起事件之間，不能有任何多餘空間。但是，在不能有間隙之餘，先後事件之間也不能重疊，不然可能會導致先後兩者之間的競爭與互相干涉，如新舊產品之間所產生的「自食現象」（cannibalization）。唯一的例外，是當連貫性爲首要考量時，就可以有重疊，如企業會讓屆退員工教導、訓練職務代理者。

調整時間序列，創造新的商模

一般而言，我們認爲句逗並列是好的，而不樂見錯位的句逗。然而，規則並不一定都是如此。外表年齡、心理年齡與實際年齡相符合，可以是好事，也可以是壞事。刻意調整實際年齡、心理年齡與外表年齡三者排列方式的能力（無論是對齊或錯位），是健康與美容產業蓬勃發展的關鍵。又或者，計劃評比和計劃看到成效的時間，兩者如果可以並列，一定可以產生非常大的激勵效果。

降息時間尷尬，投資人更加緊張

一般而言，錯位排列容易受人質疑。固定的開會時間，其實也是一種時間句逗。當開會時間有所更動，人人都會想問爲什麼。如美國聯準會在一九九八年十月宣布降息，雖然讓股價大漲，但是因爲選擇降息的時間位置，處於兩次聯準會例行會議之間，因此讓原本就焦頭爛額的債市投資人更加緊張[6]。旁人更開始懷疑，選在這個時機調降利率，是否代表景氣將提早衰退？正如這個例子告訴我們的，句逗的錯位的確可能帶來意想不到的後果。

時間句逗的九大風險

錯失時間句逗或錯誤解讀句逗，可能帶來若干風險。

錯失句逗

錯失進行中事件所含有的時間句逗，可能是眾多風險當中最大的一個。時間句逗與其位置，對於決策有很大的影響。曾有研究人員追蹤八名以色列法官長達十個月的時間，觀察他們對一千名受刑犯提出假釋申請的裁決過程。研究人員發現，如果假釋申請書在早上送達法官桌上，通過的機率會高出許多。隨著時間愈晚，通過的機率就愈小。有趣的是，法官一天有兩次休息時間，研究人員發現在休息結束之後，通過機率馬上又會攀升，爾後再隨著時間下降。[7]也就是說，如果想要成功假釋出獄，申請書就要在一天當中，愈早讓法官看到愈好。了解時間句逗的位置與作用，可以獲得時機相關的重要資訊。

只要暫停五分鐘，就能避免閃電崩盤

二〇一〇年五月，美國道瓊指數暴跌一千點後再度回升的故事，也讓我們學到同樣的一課。這次被稱爲「閃電崩盤」（Flash Crash）的市場震盪，肇因於電腦交易系統設計上的問題，使得市場一下子賣出四一億美元的股票。系統裡頭出問題的演算法，其設計允許任何交易，在任何價格與時間進行。也就是說，即使在價格驟降時，交易仍然可以持續進行。[8]這種自動化、高頻率的

交易，若是在不當的時刻進行，足以使得市場崩盤。在「閃電崩盤」事件以後，金管單位提出的解決方式之一，便是增加交易限制（trading curbs），在原本應該加入時間句逗的地方插入時間句逗，規定如果市場在五分鐘內波動超過一〇％，必須暫停交易五分鐘。

所幸，時間句逗在應用上算是相當容易，因爲所涉及的是我們已經相當熟知的概念：開始、暫停、中點、結束與日曆上已知的日期等。如先前提過，我們只需要想辦法整理這些句逗、加以追蹤，就能善用句逗所隱含的資訊，做出更好的決策。在這裡，要問自己的是：我有沒有預先看見步驟、階段、停止、開始、暫停等時間句逗？這些句逗對任務進度與成果，有什麼影響？

句逗衝突

錯誤與疏漏之所以發生，是因爲我們常以爲必須把重點放在某特定種類的句逗，因而忽視、淡化另一種句逗的重要性。比方說，所有的企業主管都得在「財務日曆」（投資人對績效和績效評估標準的重視）與現實（計劃必須按步調進行才能成功）兩者衝突間求生存。有許多計劃經常得加速進行或遭到攔腰截斷，爲的就是立即產出成果，交出漂亮的會計期末報表與亮眼財報。在這裡，要問自己的是：當若干時間句逗同時存在時，彼此之間的輕重緩急如何決定？爲什麼？

句逗誤讀

如果錯把逗點讀成了句點，以爲一件還沒完結的事情結束了，就會產生問題。句逗誤讀時常發生，如在二〇〇七年十一月，《華爾街日報》記者湯姆．羅里切拉（Tom Lauricella）如此寫道：「在安然度過本年度稍早的債市危機之後，許多大型共同基金都以爲風暴已經過去，沒想到判斷錯誤，現在正嘗到苦果。」[9]記得問自己：時間句逗的判讀是否正確？有沒有可能錯把逗點讀成了句點？

漠視句逗（或以爲可以改變句逗）

「當下」，是過去與未來之間的時間句逗；我們希望改變未來，也知道自己無法改變過去。但所謂的「選擇權回溯」（options backdating），就是對這個規則的一種漠視。「選擇權回溯」指的是，企業將主管股票選擇權的原始發放日期，更改爲更早以前、當股價更便宜的日期，讓主管可以享受更大的獲利。的確，如果我們不去注意事件開始與結束的時間點，以及這些時間點是否可以更改，或用不同方式解讀，常常就會面臨意外的風險。雖然「選擇權回溯」本身並不算是眞的違法，但不少案例皆因進一步觸犯稅務法，遭美國證券交易委員會視爲詐欺。記得問自己：我是否爲了一時方便，而刻意漠視時間句逗？如果是的話，這麼做可能產生什麼影響？

共時句逗

如果不事先思考兩個句逗同時出現所可能產生的影響，也會導致出錯。許多藥廠必須事先規劃，思考多項藥物專利權若是同時過期，應該如何因應，否則可能就得付出高昂代價。解決方式包括推出新藥以補足營收缺口，或是透過品牌策略，讓自己在競爭激烈的市場中脫穎而出。

建立債券梯，分散投資風險

同樣的道理，如果投資組合當中的所有債券都同時到期，那麼期間的利率與自身的現金需求量，最好要和當初購入債券時的估算相同，不然會有問題。因此，理財顧問通常會建議投資人建立「債券梯」（bond ladder），購買不同時間到期的債券，藉此降低估算失準的風險。如果想要解決共時風險，也就是若干事件同時發生的風險，最典型的方式就是採用「非共時策略」，將事件在時間軸上打散。記得問自己：多項時間句逗（如任務期限）是否同時發生？如果是的話，一套管理共時句逗的有效辦法，是否已經具備？

過早插入句逗

與不冰敷就直接熱敷的問題一樣，許多人常犯的時機謬誤，就是太早插入時間句逗，在一件事情尚未結束前，就把它當作已經結束。小布希總統在伊拉克戰爭期間，亮出「任務完成」大旗就是一個例子。

未被算入的取消案件，造成虛假的房市榮景

太早插入時間句逗的問題，其實頗爲常見。二〇〇七年一月，許多人都以爲美國房市正從谷底回升，但財經作家丹尼爾．格羅斯（Daniel Gross）在當時就提出質疑。原來，美國人口普查局在計算房屋市場供需情形時，許多在十二月成交的買賣案件，明明在一月時遭到取消，但普查局最後公布的數字，卻沒有反映出這項事實。[10] 一樁交易若是取消，便不算是交易，但普查局卻不

這麼認爲。

這裡的問題，就在於把交易行爲當作單一事件看待，忘了交易行爲其實是在時間軸上延伸的序列事件。記得問自己：事件眞的結束了嗎？還是仍在進行中？

疏密風險

如果忽略事件之間的疏密程度，就會產生疏密風險。舉例來說，一對夫妻若是在十二年之間，連續生下十二名子女，相信兩個人早已筋疲力盡，更別提巨大的財務負擔。多注意事件之間的間隔，能幫助我們更有效分配資源。記得問自己：我是否在事件之間預留足夠時間，爲下一步做好準備？

模式風險

未預期到時間句逗的相關模式與形狀，就會產生模式風險。比方說，任務期限以前，所有人一定都會日以繼夜加倍努力，使得努力曲線呈現曲棍球桿狀，急速成長。又或者，在企業公布各季財報以前，一定會壓低預期，這樣最後的財報相形之下才會漂亮。時間句逗周邊常有許多不同模型與形狀，一定要及早計劃準備。記得問自己：與時間句逗相關的行爲模式有哪些？這些模式與形狀是否列入了考量？

句逗誤解

對時間句逗的錯誤詮釋，總是有發生的風險。如在商業談判時，其中一方也許會有好一段時間都沒有回應，但這代表對方興趣缺缺，還是只是純粹反映對方內部達成共識需要時間？

二〇〇八年，麥克・哥登(Michael Gordon)在《紐約時報》撰文，討論美軍撤出伊拉克的舉動，將被如何解讀。「如果伊拉克人知道他們不管做什麼，美軍都會撤出，那麼他們究竟會因此弭平歧異、攜手合作，還是會展開派系之間的血戰？」[11]同樣的時間句逗，的確有非常不同的解讀方式。

哪種駕駛人會搶黃燈加速通過？

同樣地，駕駛人在紅綠燈（也是一種時間句逗）轉爲黃燈的時候，反應也大不相同。美國俄亥俄州一項調查在研究一千五百名駕駛人後，發現「卡車與靠右側車道的車輛，多半會加速通過。」[12]在這個例子當中，對於時間句逗的不同詮釋，確實有可能導致意外。記得問自己：時間句逗是否有不同的詮釋方式？有沒有標準答案？有沒有其他合理的詮釋方法？

五個面向，掌握時間句逗的選擇與契機

在生活上或工作上，運用時間句逗的機會很多。我們可以透過逗號或句號，來開始一場新的關係、介紹一個新概念、終結一項拖太久的舊計劃，或者藉此營造或消除急迫感，進行許許多多

適合透過句逗處理的活動。**成敗的關鍵，常常不在我們做了什麼，而是我們怎麼做**。在商業上使用時間句逗最好的機會，就是在管理變革的時候，尤其在進退場時機的掌握上——插入句點，更是適合。

善用句號，擬定退場機制

假設我們手上的工作進行到一半——也許是資助一項計劃、創立一家企業，或是經營一段長久的關係等，但是情況並不順利，因此需要將事情做個了結。當然，每個情況都不一樣，需要考慮的因素很多，但在此我們要特別看的是，時機與時間問題對退場策略規劃的影響。

可惜的是，就算是非常重大的任務，我們也鮮少事先研擬退場機制，因爲我們不想讓別人以爲我們對完成任務沒有信心。在準備階段時，的確很難去思考退場機制，所以解決方式之一，就是將退場機制的研擬與退場時機，化爲一種儀式。儀式具有相當良好的時間性質：它們在時間上有限，因此不會干擾到計劃的展開，而且也很安全，因爲畢竟只是儀式，不是眞正執行。此外，儀式可以練習，讓人即使在高壓的情況下，也能完美無缺地完成。由於這幾項特質，儀式可以在事件當中的任何一個時間點插入，讓退場機制的研擬，變得不再困難又費時。

在研擬退場機制時，有下列幾項因素必須考量：

1. **永久性與可逆性**。需要退場，必然是因爲情況所致，但我們必須思考這種情況是永久或暫時的，也要考慮額外資源的投入，能否眞的在合理的時間範圍內改善情況。

2. **替代方案出現的時機**。替代方案何時出現？即便持續進行現有行爲已經失去意義，但是爲了等待替代方案而延後退場的情形，仍不算少見。在評估計劃的時候，如果只參照內部基準，很難在適當時機退場，所以一定要有人負責尋找替代方案，並且監控採行替代方案的恰當時機。

3.**成本與利益出現的時機**。在討論成本與利益的時候，我們探討的通常是類別與多寡，如將面臨哪些成本、獲得哪些利益，這些成本與利益又將有多少？但在時機分析的脈絡當中，我們還得考慮第三個面向，也就是成本與利益出現的時機。一般而言，成本都在計劃進行初期投入，但是利益要等到末期才能回收，所以主管常會爲了回收成本而延後退場，導致急流勇退難上加難。要解決這個問題，最直接的方式就是在情況允許下調整計劃架構，讓利益回收緊接在成本投入後。

一般在討論退場機制時，也會提及「退場成本」（closing cost）的概念。在未來不同時間點退場的成本，我們都必須一一衡量，而且要站在這些時間點上來衡量成本多寡，不能以現在的眼光爲標準；因爲在景氣好的時候可以接受的成本，在景氣差的時候也可能會變得難以承受。[13]

4.**成敗的時間模式**。也許一開始計劃顯現成功的跡象，但到後來卻停滯不前，這種時候我們很容易就被困住。英國哲學家與社會評論家伯特蘭．羅素（Bertrand Russell）曾說過，幼年的宗教經驗之所以對人有很深的影響，關鍵不在於「宗教」，而在於「幼年」。同樣地，在事業早期獲得成功，也容易讓我們身陷其中，讓我們像沉迷吃角子老虎的賭客一樣，輸得一文也不剩。因此，主管必須在問題出現以前，就先找出計劃所隱含的成敗時間模式，並且思考這樣的模式，容易讓人犯什麼樣的時機錯誤。

5.**動機的改變**。隨著時間推進，人們的行爲動機也可能改變，如從追求利潤變成規避損失，詳見後續「一元拍賣」的內容。仔細想想，不難發現在快速變動的市場與高度競爭的產業裡，許多情況其實都和「一元拍賣」一樣。我們投資房地產，希望可以賺錢，但是一旦房市泡沫化，我們關心的就只剩下怎樣才能不把錢全賠光。

一元拍賣[14]

現在，請拿出一張一美元紙鈔，告訴大家你這張鈔票今天要賣給最高出價者，但最後錢不是由贏家出，而是由第二高出價者付，底價從一角開始喊起。想像你是這場拍賣會的主持人，開始炒熱氣氛：「一角，有人出價一角嗎？」

只要有傻瓜開始出價，加上另一個更笨的傻瓜跟著抬價，價格就會輕易地一路往上飆。當出價接近一美元關卡時，價錢被對方壓過的人，會開始擔心如果不繼續抬價，不只得付出高於自己出價的金額，連那張一美元鈔票也拿不到。此時，繼續出價的動機，就從追求最大獲利，轉變爲規避損失。爲了避免損失，所有人一定會繼續出價，導致最後的成交價格，往往比一美元高出許多。

6. **責任歸屬**。如果決定退場，責任歸誰？這裡要問的問題是，誰必須爲失敗負責？除此之外，也要考慮當計劃必須退場時，外在環境會處於什麼狀態？如果其他事務都進行得很順利，要爲單一失敗負責並不難，但如果時機不好，那麼上位者可能會爲了等待轉圜餘地而延後退場。因此，我們必須事先了解當計劃必須退場時，其外在環境的狀況，不然就會常因為退場比想像中來得早，或是更常見的比想像中來得晚，因而感到驚訝。[15]

7. **身分、地位、名譽**。當個人或企業的身分、地位與名譽，愈是與一項計劃綁在一起，退場的時機愈有可能延遲，尤其當計劃發起與結束是同一群人時更是如此。

8. **語言與文化**。退場的時機，會受到組織文化的影響。[16] 有些組織看重恆心與毅力，有些則看重速度與敏捷。前者在退場時機的選擇上，自然可能太遲，而後者則可能太過草率行事。要看出一個組織的文化，可以從組織看待成本與利益的態度見微知著。如果組織視成本的投入為一種投資，而不是一種開銷，那麼當報酬率不出色時，組織並不會太過警戒，因此可能會太晚決定從不賺錢的計劃中退場。同樣地，如果組織很重視量化，那麼只要是沒有辦法化為數字的東西，都會受到懷疑。組織會因此一味地等待或許根本就無法取得的準確證據，因而延後了退場時機。其實許多經濟指標，都會在數月、甚至數年後修正，如果我們非得完美掌握決策所需數字不可，那麼可能得等上好一段時間。

9. **先前的付出**。一個人對一項計劃已投入的付出愈大，退場就愈難。換句話說，我們要先弄清楚，如果終結計劃，會威脅到哪些既有的關係與利益，威脅到的對象愈重大、範圍愈廣，退場時機愈容易延後。

10. **事件結尾的多面向性**。複雜、多面向的情況要乾淨收尾非常困難，因為適合一個面向的退場時機，並不一定適合其他面向。以美軍在阿富汗的戰事為例（其實所有戰爭都一樣），不同任務各有不同的結束時機，如國家重建、消滅塔利班、掌握關鍵城市等。部隊何時可以撤離？對他人應負的責任何時可以放下？過去的成就是否可以延續到未來，何時能確定？這些問題的答案，又會如何受到民眾對戰事支持度下滑的影響？

生物倫理學家丹尼爾・卡拉漢（Daniel Callahan）在定義何謂「自然死亡」時，便點出了結尾的多面向性。

> 自然死亡意指㈠當一個人已完成終生志業時；㈡當一個人對他所負責的對象，所有道德責任皆已經放下時；㈢當一個人死亡的時機，並不會造成他人理性或感性上的衝擊，或讓他人對生命感到絕望與憤怒時；以及㈣當一個人死亡的過程中，並未涉及無法承受、有損尊嚴的痛苦時。[17]

由於退場有多面向的考量，因此一定要去檢視不同面向彼此間存在的衝突。對某個面向來說太早的退場時機，在另一個面向當中可能會太晚。由於這樣的衝突不易解決，最好事先找到衝突所在，並且預留時間思考解決方式。

退場策略要成功，是一項非常複雜的任務。前述十項退場考量因素，應能幫助我們釐清退場所涉及的時機問題。如果已經決定退場，那麼下一步要思考的，就是如何退場。

完美退場的五步驟[18]

事件的結束並不只是客觀事實，也是一種心理程序，需要良好的管理。事件結束可以令人痛苦，所以不少律師才會說，很多人之所以打官司，除了因爲客觀事實所致，也是因爲情感受到傷害。了解這點之後，這裡我要提出五個步驟，也就是所謂的「刪除設計模型」（the-Delete Design Model），幫助我們在事件結束時，插入「心理句點」，替各方做好心理上的準備。

在管理變革時，適當的收尾非常重要，因爲團隊如果還爲過去所困，沒有準備好向前走，便沒有辦法善用眼前的新機會。這個模型特別的地方，以及我在這裡介紹它的原因，在於模型當中的每個步驟，皆將時機因素列入考量。

1. **總結過去**（Summarize the past, S）：總結過去，就是將過去寫成一段簡史。要讓人在心理上產生結束的感受，就要將所有已發生事件所具有的意義，捕捉在總結裡，而且除了涵蓋客觀事實，涉入人員所懷抱的希望、夢想、成就感與驕傲，也都必須記錄在總結當中。同時，結論所隱含的歷史觀，也必須讓人意識到採取行動的最佳時機已經到來。要做到這點，通常需要回溯到當初促發計劃或創業的外部條件，並且了解這些條件這幾年來所出現的改變。

2. **說服他人**（Justify the change, J）：找出必須改變的原因，如過去的目標已經達成、出現無法逆轉的失敗，或是不往前走就無法挽回損失等。我們不只要說服他人爲什麼改變是必要的，也必須說服他人爲什麼「現在」就要改變。

3. **做出正面評價**（Make positive statements, P）：歌頌、榮耀過去，要脫離具有價值的過去行爲，一定要先讚揚、高舉過去的成就。如果要讓過去的種種陷入沉睡，就要先唱搖籃曲。

4. **連結過去與未來**（Create continuity between past and future, C）：事物停止以後，伴隨而來的不論是情感或非情感上的失去，一定都要給予認可。光是強調改變的必要性，或者說明過去的事物已無價值，還不足以有效管理變革。改變—特別是激進的改變，一定會受到阻攔。但只要做出承諾，保證過去的某些重要元素，在未來會受到保留、甚至被強化，就可以讓轉變的過程更爲平順。在前述提及的前北約指揮官亞歷山大．黑格二世的演說中，就具有這樣的精神。

5. **祝福未來**（End with well wishing, W）：透露自己對未來抱持著希望。有了新任務與目標做爲希望的泉源，所有人在心理上就更能做好結束的準備。要退場，就得先有新的目標，讓我們可以朝未來持續邁進。

這五個步驟、SJPCW模型（各步驟的代表字母），在各種場合都相當有效，無論是要哄小孩睡覺、在畢業典禮發表演說、在退休晚宴上致辭，或者商業夥伴關係告一段落，不管什麼時候，只要是適時退場很重要的場合，都能派上用場。

拿掉句號，加速改變

截至目前爲止，我們所討論的，都是時間句逗——句號的插入。但如果我。們。在。每。一。個。字。的。後。面。都。加。上。句。點。讀起來就好像在湍急的流水中逆游一樣，相當累人。所以有時候我們要做的，不是插入句號，而是刪除句號，或者將句號改成逗號。

為了讓觀衆不轉台，刻意把廣告改在節目當中播放

舉例來說，電視節目的結尾，可以是句號或逗號，但以電視台的立場來說，當然希望節目的結尾是逗號、不是句號，這樣才能讓觀衆繼續收看下一個節目。在一九九四年秋季，除了福斯（Fox）以外的所有電視台，都曾試圖將節目間的句逗全數刪除，[19]把節目與節目間的廣告改到節目當中播送。把節目頭尾的句號消除，目的就是爲了讓觀衆不轉台。

不讓粉絲流失，定期舉辦賽事

除了電視廣播以外，同樣的邏輯也被運用在帆船賽事上。BMW甲骨文隊（BMW Oracle Racing）隊長賴瑞・艾利森（Larry Ellison）與阿林希船隊（Alinghi syndicate）隊長恩尼斯托・貝塔瑞利（Ernesto Bertarelli），便在美洲盃帆船賽正式大賽之間的空窗年，每年夏天都舉辦賽事。[20]

一週無會議，週五思考日

提高生產力的方法之一，就是避免流程被打斷，也就是刪除不必要的時間句逗。《華爾街日

報》專欄作家蘇・席蘭伯格（Sue Shellenbarger）便在二○○七年指出，矽利康大廠道康寧（Dow Corning）每季都會選定一週做爲「無會議週」，在該週取消所有不必要的內部會議。這樣的做法，讓員工不用四處奔走，也可以在不受打擾的情況下工作。同樣地，ＩＢＭ也有「週五思考日」（Think Fridays）的做法，把週五下午空下來，排除不必要的會議打擾。[21]

在適當位置使用句逗

句號與逗號擺放的位置非常重要，假設有一個團隊已經在某項產品研發上花了許多年的時間，他們勢必面臨極大的上市壓力，因此很有可能會魯莽行事，在產品或市場還沒有準備好的情況下，就草率推出產品。想要避免這種問題，該團隊就必須設法緩衝上市壓力，在適當位置插入時間句逗。

一般而言，我們將世界分成三個先後階段——過去、現在、未來。我們爲這個序列下標點符號的時候，有兩種方法。第一，我們可以在現在與未來之間插入句號，將現在與過去綁在一起：

（過去　現在）。未來

或者，我們可以將句號插入在過去與現在之間，把現在與未來綁在一起：

過去。（現在　未來）

如果將現在與過去綁在一起，那麼「過去」就會成爲參照的標準，有些人會因此這麼說：「這項產品已經開發超過十年，到底什麼時候才要上市？」如果將現在與未來綁在一起，「未來」就會成爲我們的參考點；如此一來，我們就會知道上市時不能草率，要給市場留下良好的第一印象，快速上市的衝動就會抵消。只要這樣想，就會有人適時提醒我們，如果上市失敗，可能得花上很久的時間才能復元。

透過改變句號位置，我們可以重新思考一項決策究竟該緊急處理或從長計議，進而調整決策的時機。

延後句逗，控制張力

我們也可以透過有趣的方法，使用時間句逗來控制事件與情況。事實上，行銷與廣告標語專家亞瑟．許夫（Arthur Schiff）就運用這樣的原則，創造了許多令人讚嘆的廣告金句。

一句「等一下！」，創造銷售紅盤

在幫金廚刀具（Ginsu）做廣告時，許夫首先透過誇飾法，來引發觀眾的興趣與期待。「一把永遠不鈍的刀……一把廚房非有不可的刀……一把市面上最厲害的刀……」在這三句話之後，許夫再以一句深植人心的金句：「等等！不只如此。」來抓住觀眾的心。

《紐約時報》記者羅伯．沃克（Rob Walker）是這麼解釋的：「除了讓產品看起來很有吸引力，許夫拉長了廣告、延後結尾，爲的就是製造更強的情緒張力，讓觀眾爲了消除這樣的張力，打電話訂購產品。而結果也證實許夫的策略成功，一句『等等！不只如此。』讓廠商賣出了可觀的業績。」[22]

消除張力的原則，我們也在前述收尾相關的討論中看過。我們希望拇指快點復元，所以熱敷、不冷敷；小布希一心想要伊拉克戰事告一段落，所以亮出「任務完成」的大旗。句逗會影響宣泄張力的需求，也會受宣泄張力需求的影響。當張力很強的時候，不論宣布結束的時機是否已經到來，只要插入句號就能降低張力。看見「任務完成」大旗與刀具廣告之間關係的洞察力，正是我所謂脫離表象思考的能力。

重新思考使用句逗的方式

重新了解「開始」與「結束」的涵義，學會檢視我們在商業環境中運用時間句逗的方式，就能敞開日常流程的創新大門，幫助我們用不同角度看待事物。下列提供幾個重新思考的切入點。

種類

時間句逗有許多種類，可以選擇與參考。比方說，任務完成的期限，不該全由外部的時程來決定，可以考慮讓團隊在完成一半進度時回報，讓他們自己掌握完成時間。這個做法，可以讓他們把注意力放在時間與效率上，比起讓團隊依據固定時程回報進度更好。此外，選擇不同的外部時間參考點來管理進度，如選擇聖誕節等宗教節日，而非一般的會記年末，可以令人耳目一新。

強度

可以考慮選擇不同強度的時間句逗，如把句號換成逗號，或者把逗號換成句號。這種做法可以控制行爲的意義，如暫緩一個計劃所傳達出的意義，和直接取消計劃就相當不同。

數量

刻意增減時間句逗的數量，也會改變整體的感覺。比方說，開會時若要給人更多時間提供反饋，就要多一點暫停的時間。再者，將「定量法則」改以時間句逗來決策，也會影響給人的觀感——「如果年底計劃還不成功，就停止進行」，就比「如果成本太高，就停止進行」來得好。此外，也可以考慮刪除時間句逗，讓兩項行爲無縫接軌，或在正式認可新行爲開始之前，就先啓動新行爲。這幾個使用句逗的做法，都能影響事件的結果。

位置

調整句逗的排列方式，如確保所有相關事件與行爲，皆同時開始、同時結束，或確保各事件的開始與結束，全部都錯開來。也可以嘗試變換句逗的位置，如把期限定早一點，或是將既有期限往後延。另外，在現在與過去之間插入句點，可以讓現在成爲開啓未來的起點，而不是完結過去的終點。最後，改變句逗的疏密程度，如更頻繁地進行績效評估，可以得到更詳細的反饋。

本書每章針對「風險與機會」的相關討論，其實有雙重目的。第一，這些討論可以在採取行動前派上用場，幫助你做好該做的準備，事先找出問題與機會所在。第二，它們也可以幫助你在事後檢討成敗的原因。

時機思考題

需要時間句逗的時候，時機就是一切。

表演結束時，表演者離開舞台，觀眾開始鼓掌，接著表演者再度回到台上、鞠躬並再次離開，然後在稍待片刻後又再次回到台上。表演者每一次離開，都受益於離開時所創造出來的張力。觀眾會想：他會回來表演安可曲嗎？我們如果鼓掌得夠大聲，也許他就會回來？在此同時，大家都知道這場遊戲即將結束，所有人都站著，有些人則喊著安可。大家心想：表演者是否會無視於我們的歡呼？有沒有可能回來，但拒絕演出安可曲？

回應幾次安可，才算完美的謝幕？

這樣的不確定性，持續推動著掌聲，使其愈來愈大聲。但太高的強度難以維持，好玩的事物過了某個特定程度，也會令人厭煩。這也就是爲什麼表演者上下台的次數，有一定的限制。這樣的限制，解決了時機問題。假設表演者在台上等待掌聲漸歇，那麼他究竟該在何時離開？如果離開得太早，觀眾會覺得不被重視；離開得太晚，又難免令人覺得歹戲拖棚，好像在向觀眾討掌聲。因此，謝幕的儀式，有其上下台的特殊節奏，可說是非常厲害的發明，解決了「究竟待多久才算太久」、「究竟該何時下台」的難題。

宏觀來說，我們只看到表演的結束，但就微觀而言，當中還有許多序列、速率、間隔等時機因素，共同譜出表演的結束。句點也許看似是簡單的概念，但其實執行起來非常複雜，這也就是爲什麼我們必須從不同大小的時間框架，去檢視任何需要時間句逗的事件，以看清當中不可或缺的時間相關流程。

■本章摘要

時間句逗的八大特點：

- 句逗類別：許多不同類型的日期與事件，都可以用來切割原本無間斷的流程。
- 句逗強度：不同的句逗之間，有重要性的差異。
- 主客觀感：句號可能被視為逗號，逗號也可能被視為句號。
- 句逗意義：不同利害關係人對同一句逗，可能有完全不同的解讀。
- 句逗位置：句逗在流程中的位置非常重要。
- 句逗數目：序列或流程中，句逗的數目通常不只一個。
- 句逗疏密：句逗間的間隔有無，也相當重要。
- 句逗並列：哪些句逗會同時出現？哪些句逗又會互相錯開？

時間句逗的相關風險：

- 錯失句逗：沒有注意到句逗必須存在，如開會時不留時間給大家提問發言。
- 句逗衝突：為了照顧某種句逗，而放掉了另一種，如已知產品並未達到目標，卻選擇在季末財報公布後才公開消息。
- 句逗誤讀：把句號當逗號，或把逗號當成句號，如在市場持續攀升時，以為已經觸頂。
- 共時句逗：無法同時照顧到兩個共存的句逗，如藥廠必須掌握是否有兩項以上的專利會同時過期。

- 過早插入句逗：以爲還在發展中的事情已經結束，如在仍有業績不斷流入時就結算總營收。
- 疏密風險：忽略了句逗間的間隔，如兩個不同任務的完成期限無預警地接踵而來。
- 模式風險：忽略掉句逗所衍生的事件發展模式與形狀，如在期限來臨之前，努力程度會呈「曲棍球竿」形狀成長。
- 句逗誤解：忘記不同人對句逗會有不同解讀，如談判時一方若暫時沒有反應，可能會被另一方解讀爲沒有興趣。

時間句逗的相關機會：

- 善用句號：在該結束的時候，適時插入句號——帶入退場策略。
- 刪除句號：加速腳步，以便有效掌握情況，如刪除節目與節目之間的廣告，讓觀眾不轉台。
- 延後句逗：管理句逗時機，如將好消息留到週一早上公布，讓同仁一整週心情都好。
- 重新思考句逗的使用方式：不按牌理運用句逗，破格運用開始、停止與暫停等，可以提高創意、加強創新能力。

3 間隔與歷時

多才多藝的莊子，其實也很會畫畫。有一回，國王要莊子畫螃蟹，莊子卻說需要五年時間、一棟房子與十二名僕人。五年過去，還沒動筆的莊子卻對國王說：「請再給我五年。」等到十年將盡，莊子終於才提起畫筆，並在須臾之間以一筆畫畫出世上最完美的螃蟹。

——伊塔羅．卡爾維諾（Italo Calvino），義大利作家[1]

軍方官員坦承，即便在展現武裝實力以後，仍未控制東帝汶首都帝力（Dili），至於其他地區則得花上更久時間，才能落實治安維護任務。一位陸軍上校被問及需要多少時間時，回答道：「請問你知道一條線有多長嗎？」

——塞斯．麥丹斯（Seth Mydans），《紐約時報》記者[2]

前述國王與上校面對的，是同樣的管理問題：達到目標需要多久時間？這個問題在商業上也時常出現——新服務的市占率要多久才能增加？新政策要多久才能執行成功？房市要多久才會回溫？這些問題通常很難得到確切答案，正如上校所言：「你知道一條線有多長嗎？」如果在二〇一年時，問手機相片分享軟體 Instagram 創辦人凱文・希斯特羅姆（Kevin Systrom）與麥克・克里格（Mike Krieger），他們的軟體要多久時間才能找到願意出資十億美元的投資人，相信他們當時一定無法回答——答案是一年半。

了解事件發生的慣有長度

國王什麼時候應該放棄莊子，另外找個能更快畫出螃蟹的人呢？這個問題的答案，當然取決於在國王的預期中，畫一隻螃蟹需要多久。至於上校呢？他辦事無能嗎？這也得考慮一般落實治安維護任務需要多久時間才知道。就另一個意義而言，採取行動的時機，通常取決於時間區間的長度。如果時間區間不夠長，又無法縮短任務時間，或者一旦開始後就無法暫停，不能把沒做完的留到下次再做，那麼就表示不應該採取行動，不然就好像把一輛休旅車硬停到腳踏車位一樣，強人所難。因此，**爲了更有效地策劃行動，我們必須學會預測環境中的事件與情況究竟會持續多久，釐清哪些事情容易曠日廢時，哪些又會快速結束**。

預測時間區間長短的能力，是掌握時機問題的一大關鍵。在開始預測區間長短以前，我們要先學會看見區間的存在——我們無法預測自己看不見的東西。但由於我們描述世界的方式，常常完全忽略時間區間的存在，導致問題變得更複雜。《華爾街日報》上有一篇討論企業該如何停止合作，以及何時該停止合作的文章，就點出了這點。

即便雙方在如何解除合作關係有所共識，若不清楚說明何時該停止合作，可謂相當危險。由於合作雙方對停止合作的時機點可能各持觀點，下場常是冗長且昂貴的雙邊爭執。

這也就是爲什麼成功的退場機制，第一步就得明定退場觸發條款，如當雙方的合作關係無法達成目標、未如預期，或是當有一方違約、宣告破產或轉讓所有權時，都可做爲退場的觸發點。舉例來說，當藥廠與生技公司合作，試圖促成實驗階段藥物上市時，一般都會以不同階段的里程碑做爲退場觸發點，如各階段臨床實驗的通過情形。[3]

這篇文章討論的雖是「何時」該結束合作關係（時間句號），卻沒有考慮到時間區間的重要性，而忽略時間區間的後果，會讓我們無法以更具體的方式定義退場觸發點。後續列舉幾項我們在進行階段性目標、績效評估標準與服務協議等相關討論時，常常忽略的時間區間，每項都可能影響重大。

- 如何定義重要里程碑？在某特定事件發生時，或是到了某特定日期？以汽車保養來說，就是跑了五千哩維修比較好？還是過三個月後維修比較好？
- 要隔多久重新檢查、修正一個里程碑？
- 如果合作關係中，有一方「晚了一點」達成里程碑，有沒有關係？那麼，多久算是「晚了一點」？兩週的延誤對一方來說也許無關痛癢，對另一方卻可能茲事體大。
- 一間公司能提前多久預知自己無法如期完成一項任務或達成里程碑？
- 延遲所造成的傷害，需要多久才能修補？何時又才可能較爲準確地預期修補所需的時間？
- 如果前述問題都找到了答案，又需要多久時間，才能傳達給相關各方？所有人會同時被通知嗎？如果在不同時被通知，之間的時間差又該如何管理、應對？

●前述六個問題的答案，是否會依雙方熟識程度不同而有所差異？

這些時間區間顯然都很重要；事實上，我認爲它們之所以被忽略，不是因爲不重要，而是因爲太容易遭受忽略。還記得我在前言提過的「想像用鑰匙開門」嗎？人類大腦常在時間軸上跳躍思考，連我們自己也沒注意到。時間區間容易遭受忽略的另一項原因，則是快速行事常常可以帶來優勢。

電腦斷層掃描降低不了的肺癌死亡率

研究人員一直到前一陣子都還相信，如果提早進行斷層掃描、增加掃描頻率，能夠幫助及早發現肺癌，拯救更多生命。但是已有研究結果顯示，事實並非如此。

要了解斷層掃描爲何不能提高存活率，我們必須更仔細地檢視這個問題。根據《紐約時報》指出，斷層掃描的確有助於提高癌症的發現率與治療率，但「死亡率之所以始終沒有改變，是因爲許多癌症個案，其實並不需要接受治療。因爲這些癌症在病人有生之年內，並不會發展到有害人體的階段。至於原本就會導致死亡的癌症，即使接受治療，病人最後還是會死亡。」[4]此外，研究人員還發現，斷層掃描次數增加後，連帶造成手術數量增加，而手術有時會導致血液栓塞與肺炎等併發症，同樣威脅了病患的性命。

這樣的研究結果，和先前「超過八〇％的肺癌死亡個案，可以透過斷層掃描避免」[5]的看法完全相反。原先的說法不當地假設了一個前提：所有肺癌病患若不接受治療都會死亡，這其實忽略了三個時間區間：

- 肺癌病患通常可以活多久？
- 肺癌病患若不接受治療，可以活多久？也許在因癌症死亡之前，就會因爲其他因素死亡（回到前一個問題）。
- 肺癌病患若接受治療，可以活多久？（有些治療方式會造成生命危險。）

當初提倡斷層掃描的研究，採用的是傳統的時機觀點，認爲愈早愈好。這樣的看法，其實和第一章討論的「搶先者優勢」問題大同小異。如我們所見，這種看法有其限制。如果說科技可以帶來時機好處、幫助病人及早發現癌症，那麼我們同時也要去了解，時機在科技所要解決的問題當中，扮演了什麼樣的角色。

時間區間的六大特點

本書的六大時機透鏡並非隨機排列，每一面時機透鏡，都能幫助我們有效掌握下一個透鏡。比方說，序列透鏡讓我們看見序列當中的步驟與階段，句逗透鏡則讓我們看見事件的開始、結束、中斷、日期等各種不同句逗。這種種有助於我們有效掌握時間區間；當然，任何情況當中的時間區間數量都無窮無盡，究竟哪些重要、哪些不重要，還得由我們自己來決定。在此提供幾點建議，幫助讀者鎖定目標。首先，我們就來看時間區間有哪些特點。

1. **類型：**時間區間有四種。確定你四種都要鎖定，也都要找到。
2. **長短：**特別注意很長和很短的時間區間，了解最長和最短的時間長度。

3. **主客觀感：**我們常說：「度日如年」，主客觀確實可能造成對時間有非常不同的解讀。

4. **內容：**往深處看，你看得見這段期間內發生的事嗎？如果看不到，又要如何推測？

5. **意義：**不同人對時間區間會有不同的解讀，記得思考可能的解讀方式有哪些。

6. **數量：**前述斷層掃描與肺癌的例子就告訴我們，時間區間的數量可能超乎預期。

類型

時間區間共分四類，在採取行動以前，四種類型一定都要先找到，不然很可能會有所缺失，導致行動時機受到影響。

①**事中區間：**A事件與B事件之間的間隔有多長？紐約世貿大樓在九月十一日當天受到攻擊，保險公司必須面對的問題，就是在理賠事務的辦理上，攻擊次數究竟該算一次還是兩次？在擬定保單、決定理賠範圍時，一定要注意到「事中區間」的問題。

②**事後區間：**在A事件發生後，過了多久時間？在國際外交與現代戰爭的領域中，常見的問題就是受到攻擊與挑釁之後，要過多久才能採取行動。如果有村莊受到轟炸、造成上百人死亡，是否可以等上一年才採取行動？同樣的問題也會在商業上出現，當競爭者推出新產品時，自家打對台的新產品可以等多久再推出？

③**事前區間：**A期限即將到來，有沒有足夠時間完成任務？又或者，離某法令生效還有多久時間？生效前得做好哪些準備？

④**事件歷時：**也就是事件的長度，如經濟衰退何時結束？辦公室租約要簽三年或五年？鮮奶

的保存期限是多久？

不同人對相同區間會有不同看法，所以一定要記得時間區間有前述這四種。舉例來說，距離九一一事件發生已經多年——事後區間，但是否就代表美國已不受威脅？如果我們預期會有下一次攻擊，那就代表距離攻擊的時間正逐漸縮短——事前區間。果然，波士頓馬拉松爆炸事件不久前才發生，因此隨九一一攻擊後時間拉長，我們必須不斷提高戒備。

長短

特別注意有可能影響你們的最長和最短的時間區間，找到極端值，也就是那些過長或過短，因此容易遭受忽略的時間區間。再來，我們要思考在不同情況下，這些區間長短會出現哪些不同變化。最後，要考量的是，長度如果延長或縮短，會不會造成問題。

尋找最長、最短的兩個極端值

太短的時間區間，很容易被忽略。根據《華爾街日報》指出，早在日本三一一大地震引發海嘯、導致福島核電廠反應爐斷電的九個月前，該電廠其實曾發生過電力中斷的事件。當時，有位分包商人員「不小心觸擊輔助繼電器，導致『瞬間』電流不穩，其歷時長度足以造成斷路器彈起，切斷反應爐的主要電力來源。但也由於事發過於短暫，因此無法觸動備用電力系統。」[6]如果不是當初控制人員反應快，手動啓動備用電源，後果不堪設想。整起事件之所以會發生，就在於當初設計系統的時候，沒有將時間區間這麼短的瞬發事件列入考慮。

聖誕老人的合理輪班時間？

有些時間區間必須縮得很短，因此我們也必須弄清楚，最短時間區間的最大長度是多長？當然，這在不同情況當中，會產生不一樣的意義。比方說，臨時人力派遣公司西方派遣（Western Staff Services）就指出，聖誕節扮演聖誕老人的派遣人力必須採輪班制，而且輪班時間不能太長，最多四、五個小時，因為「笑容要保持得更久，是不可能的事。」[7]這樣的觀察，影響了零售與娛樂場所的季節性人力派遣。

史上最短的精彩致辭

在某些情況當中，把時間區間縮短，能讓參與者留下更深刻的記憶。公認現代螞蟻學泰斗的生物學家艾德華．威爾森（Edward O. Wilson），在賓州大學畢業典禮上致辭時，就引用了超現實派畫家達利（Salvador Dali）史上最短的一次演講：「我要簡短地講，簡短到我已經講完了！謝謝。」[8]美國當代主要作家唐．德利洛（Don DeLillo）一九八五年贏得美國國家圖書獎（National Book Award）時發表得獎感言，他直接在位子上站起來對觀眾說：「不好意思！我今晚不克出席，但還是感謝各位今晚共襄盛舉。」語畢，便直接坐回位子上。[9]當然，有時時間區間不能這麼短；達文西就曾提出警告：「想要一夜致富的人，一年內就會站上絞刑臺。」[10]

只開了五十九秒的美國國會

在某些特殊情況中，最短的區間可以非常短。二〇一一年夏天，美國國會完全沒有休會。事實上，有一天參議院甚至為了不休會，開了五十九秒的會就解散。之所以如此，便是因為國會如果進入休會期，歐巴馬總統就能動用休會任命權（recess appointment），執行原本遭共和黨參議員否決的人事提案。[11]但由於國會在形式上並未休會，所以總統當時無法動用休會任命權。

四旬壯年與九旬老奶奶的賭注

問了最短區間能有多短之後，我們也要問最長的區間能有多長。我在《紐約時報》讀過一篇報導，故事裡頭的主角，做了一個自以為聰明的商業決定，卻沒想到原本預期的「區間」要長上許多。

> 安德烈．法蘭斯．拉菲（André François Raffray）在三十年前，和一位高齡九十歲的老婦人立了約定，以每月支付老婦人兩千五百元法郎（約五百美元）為代價，在老婦人過世後換取其豪華公寓的所有權。拉菲以為自己占了便宜，殊不知……
>
> 今年聖誕節，拉菲駕鶴西歸，享壽七十七歲。三十年來，他為一棟自己從未有機會搬入的公寓，總共支付了十八萬四千美元。
>
> 拉菲去世的那天，瓊恩．卡蒙（Jeanne Calment）在自己位於南法阿爾勒（Arles）的公寓附近一間療養院裡，享用著鵝肝醬、鴨腿、起司與巧克力蛋糕。瓊恩．卡蒙今年一

二〇歲，是金氏世界紀錄中最老的人瑞。[12]

壞事歷時太短，未必是件好事

討論最長區間的最短長度時，我總是會想到在過去這十年來，數次互相牽動的經濟危機。有些經濟危機雖然來了又走，持續的時間不長，但短暫的經濟危機，並不一定是好事。有時候，我反倒希望經濟危機能再持續久一點，直到我們願意開始正視問題，提出解決方案爲止。

一九九九年，耶魯大學管理學院院長傑佛瑞．葛登（Jeffrey Garten）在《紐約時報》發表一篇社論，和我抱持了相同的觀點。葛登說，一九九八年發生的經濟危機，最後政府出資爲長期資本管理公司（Long-Term Capital Management）紓困，並以俄羅斯政府公債違約收場，嚴重波及新興市場內上百萬的人民。但「這場危機持續的時間長度與影響深度，卻不足以催生矯正措施，使得全球經濟仍然充滿風險。一年後的今天，我們的基礎金融體制，仍然絲毫沒有改變。」[13]

一九九九年所發現的道理，今日仍然適用。如果長程的解決方案，需要長時間規劃、談判與執行才能出爐，那麼我只能希望經濟危機持續得夠久，讓我們有足夠的時間催生出解決方案。舉例來說，滑雪產業的興衰，取決於冬天是否下雪這項簡單的變因，那麼滑雪產業什麼時候才會有足夠的動力進行政治遊說，支持減緩全球暖化的環境改革呢？我想，只有當連續三到四年的冬天都不下雪時才有可能。來得快、去得快的問題，很容易就被忽略，尤其如果問題解決起來所費不貲，更容易無法處理。因此，一定要小心以「嚴重程度」爲中心的思考方式，因爲一個問題即使

圖 3.1 區間長短

	最短區間	最長區間
最小長度	1	2
最大長度	3	4

相當嚴重，也不代表它就會被正視。如果問題本身持續的時間，小於解決問題所需的時間，問題將不會被解決。

區間長短：固定不變，還是可以變化？

在前述的例子當中，我們分別檢視了最長與最短的區間，所可能具有的最大與最小長度。我在上面圖 3.1 整理出一張二乘二的表格，共有四格。請將每一格列入考量，想想看你一天活動的內容，有沒有稍縱即逝的事件？有的話，請再問問自己，這樣的事件在不同的情況下，將可以延到多長、縮成多短？當延到最長或縮到最短的時候，又會帶來什麼樣的機會和風險？會不會導致時機腳步大亂？又或者絲毫無影響？

考慮調整區間長度，左右最後觀感或結果

有些時間區間的長短是固定的，如一年有三百六十五天。但有些區間，則可以依據不同因素延長或縮短、展開或壓縮。舉飛航安全爲例，一年當中，只要發生兩到三次重大意外，大衆就會大聲疾呼，要求改善飛安。其實，要減緩大衆的危機感，只要把評估區間從一年改爲兩年即可。但是這並不實際，因爲太多事物的評量區間都是一年。

固定區間具有已知風險。一位基金經理人上半年的投資績效，如果劣於整體經濟走勢，那麼他在下半年很可能會採取風險較高的進取策略，因爲基

金經理人每年的投資績效，都要優於大盤才行。同樣地，樹上的鳥兒每晚也面臨了相同的區間課題：究竟得花多少力氣來尋找食物？如果天黑以前找到的食物不夠吃，很可能會撐不過漫漫長夜；但如果花太多時間尋找食物，同樣也得面臨死亡的風險。隨著夜晚的到來，鳥兒必須做出攸關死生的抉擇。有些鳥兒甘冒風險，最後卻也因此喪失性命。

傳統、文化、心理，都會影響我們對時間長短的預期

每個行業、組織與體制，對於不同行為所需的時間長短，有著不同的既定規範。不論這樣的規則與習慣是好或壞，陳年積習都很難打破。比方說，司法系統與官僚體制效率不佳，可說是人盡皆知。普林斯頓大學教授朱力安．戴利澤（Julian Zelizer）是這麼說的：「美國國會屬於漸進積累型的體制，這是我們的缺點，也是我們的優點。」[14] 一件事情要花多久時間，常常受到傳統與文化的影響。

心理也影響了我們對區間長短的預期——如果情況令人痛苦，我們自然不希望持續太久；如果情況令人愉悅，我們當然也不希望它太快結束。比方說，大部分的人都不願意接受自己投資賠錢的事實，因此會想要慢慢來。當股價緩步下跌，典型投資人不會馬上退場，而會抱持著有朝一日股票會再漲回來的希望。但如果股價一夕暴跌、價值盡失，多數人則會為了避免額外痛苦，盡速把股票賣掉、快刀斬亂麻，卻也因此無法在股價回升時，把錢賺回來。

若是我們在一件事上投入太多情感，對時機的感受也會受到影響。《紐約時報》就曾引用一篇報告，該報告指出六三％的醫師有高估絕症病患餘命的傾向，其落差為五．三倍。在報告當

圖 3.2　區間頭尾的相吸情形

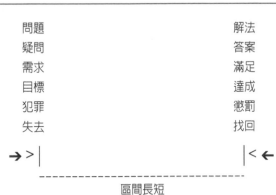

中，羅切斯特安寧中心（Rochester Hospice）醫學主任茱利亞．史密斯醫師（Julia L. Smith）如此寫道：「長期與病患相處的醫師，會對病患產生依附⋯⋯。我們也一樣，不想承認死亡就要到來。」[15]

最後，如果你想知道區間究竟會縮短或延長，卻沒有相關資訊可以參考，那麼就去觀察區間開始與結束的方式。如果區間是由某個重要問題開始，我們會因爲想要盡快得知答案而縮短區間。每當看到嚴重的問題，人們會想要馬上解決，例如犯罪事件發生時，我們會希望趕快將犯人繩之以法、盡快懲處。各種縮短區間的力量，皆整理在圖 3.2 中。

反之，如果區間以問題爲始，也以問題爲終，多數人會希望在解決第一個問題前，暫時先不處理第二個問題，因而延長區間。區間的開始和結束，好比磁鐵的兩極，同性相斥、異性相吸。當然，必定存在著例外，但同性相斥、異性相吸仍能做爲基本原則，我把這個現象稱爲「區間長短的磁力定理」（magnet rule of interval size）。

主客觀感

任何區間的長短，皆有主觀和客觀的詮釋空間——這就是爲什麼有時時間好像稍縱即逝，有時卻度日如年。但這裡的重點，不在於區間究竟是長或短，而是在不同的情況下，一段區間會如何被不同詮釋。兩個人雖然都在排隊，但一個等著買重要物品，另一個則是要客訴，他們對區間長短的詮釋，勢必有所不同。

內容

在一段時間區間當中，也許什麼都有，但也可能什麼都沒有；我們先討論什麼都沒有的情況。

表面上看來沒事，難道真的沒事？

無論是在商業、市場，還是在產業當中，都可能出現空白區間。[16]重要的是，這類區間要特別仔細檢查，因爲眼前所發生的事，可能沒有我們想像中的少——正如物理學家已經證實，「眞空」並不是眞的空空如也。在此列舉四個原因，說明爲何明明不是空白的區間，卻會看起來什麼都沒有。

● **時間還早：**區間內所發生的事物，也許需要時間，才能發展出足夠規模，被肉眼看見。不過，到了肉眼能見的時候，很可能已經來不及了！舉例來說，諾基亞（Nokia）在賈伯斯（Steve Jobs）開始拓展事業版圖、進軍手機市場時，也許還不擔心。但是，等到二〇〇九年 iPhone 推出時，這家芬蘭手機大廠已經落後太多，無法迎頭趕上。

●**視覺屏蔽：**一項流程與活動，也許會受到其他流程與活動的屏蔽，注意力因此遭到轉移。許多企業常常只把重點擺在既有客戶身上，不斷強化、改良現有產品。景氣好的時候，這種企業可以欣欣向榮，但它們所忽略的是，新興市場中低價創新者崛起所可能造成的威脅。

●**外力抑制：**許多力量會抑制區間內的活動，如一項產品也許非常實用，卻可能因爲潛在客戶處於失業狀態或者入不敷出，因而找不到市場。

●**缺乏元素：**一段區間之所以看似空白，有可能是因爲缺乏催化劑的激發。少了促發事件，區間自然看似空白。比方說，手機遊戲必須仰賴高速網路，因爲不會有人有耐心爲了下載應用程式而等上一個小時。

當然，某些時候，區間本身的確和表面上看起來一樣空白。假設現在是八月，那麼大家都會去度假。我們知道，有些產業改變的速度就是比其他產業慢，行李箱就是一個例子，好幾十年來沒有新發展，可說完全空白了好一段時間。然而，到了一九七〇年代，伯納・薩多（Bernard Sadow）發明了全球第一只滾輪行李箱，起初雖然並未引起熱烈回響，但是紅起來以後，可一直要到一九八〇年代末期，設計更簡潔的「旅行大師拉桿箱」（Travelpro Rollaboard）推出後才被取代。

跳脫線性思維，觀察各種形狀

爲了看清區間內容，我們必須先找出區間內各種流程的形狀。一般而言，我們習慣用直線和線性流程來思考——歐幾里德（Euclid）說，直線是兩點之間最短的距離。直線的速度快、容易預期，但問題是，正如西班牙建築師高第（Antoni Gaudí）指出，自然界並沒有直線的存在；他說，大自然是「形狀的交響曲」。[17]

以等待爲例，我們都知道等待令人不快，但如果將等待過程中負面情緒的波動製成圖表，會發現結果並不是一直線。多數人會耐著性子等上一段時間，然後在某個時間點突然耐性全失。買車也有這種模式，車子一開出車廠，價格馬上掉一半。此外，經濟學家也說，報酬的時間點愈往後延，就愈不具有價值。即便是身爲時間大師的瑞士人，也忘記流程時常是非線性的，因而低估了電子錶改良與降價的速度。[18]

時間充滿了各種數學曲線與形狀，除了直線、瓶頸、週期、指數型成長以外，形形色色。一定要記得，主動去尋找預料不到的時間形狀。關於此項時間性質，第五章會有進一步的討論。

意義

給區間取不同名字，可以改變區間的意義，進而改變區間的商業價值。將德國國會大廈以布料包覆的包捆藝術家克里斯多（Jaracheff Christo），就懂得以有趣的方式，將創作「手段」化爲藝術「目的」。懂得將「手段」轉化爲「目的」，是克里斯多許多計劃成功取得核可的原因，讓原本可能耗時長達數年的申請過程，因而得以快速完成。

克里斯多的環境裝置作品，除了成品堪稱爲「藝術」，其從頭到尾的一切往來過程也都是藝術。克里斯多的作品，皆獲得所有相關團體與有關單位的批准；能夠如此，靠的是宣傳能力、舉辦會議、視覺呈現與個人魅力。克里斯多甚至自己為作品募款，也為作品投保責任險。在作品打造的過程中，涉及了大量溝通與協調，如志工招募、訓練與食宿等，還要確保所有工作人員之間皆溝通順暢。最後，所有的過程——事前準備、建置階段，還有竣工後的觀眾體驗等，也都被記錄下來。[19]

幫工作賦予意義，創造額外價值

如此一來，作品的前置準備和後續處理，也都成為了藝術，具有相當價值。這種重新賦予區間意義的策略，可以解決許多問題，也能讓人換個角度看事情，卻很少人採用。舉例來說，如果飛機因為氣候條件不佳無法起飛，那麼何不把「延誤」改成「安全性延後」？雖然還是延誤，但乘客的主觀感受比較不會那麼差。同樣地，在我們的工作上，也可以試著尋找將「手段」化為「目的」的機會。比方說，某個用來生產產品的流程，有沒有可能自己就變成一項商品？

數量

複雜情況所涉及的區間數量，常常不只一個。二〇一二年一月，歌詩達協和號（Costa Concordia）在義大利西岸發生觸礁意外，當時的調查人員就發現，警報器不知何故在觸礁後一個小時才響起，[20]導致警報與下令棄船之間的間隔不夠長，乘客來不及反應。事發時，船長有兩個時間區間必須考量：第一，船身觸礁後多久該啓動警報？第二，警報啓動後多久該下令棄船？在這個案例中，這兩條區間彼此互相影響，啓動警報的時間拖愈久，警報響起和下令棄船之間的區間就會愈短。船長顯然沒有考慮到這點，或者是考慮到了，但沒有採取行動。

「已故」讀者來信要求改正

在情況當中的所有區間都要找出來，因爲區間彼此的差異，常是問題的關鍵。《紐約客》（*The New Yorker*）雜誌曾將一位仍住在療養院的讀者，誤植爲「已故讀者」。這位讀者看到之後，寫信要求更正。《紐約客》收到信後，隨即在下一期中修正，卻沒想到犯了個雙重錯誤。原來，該讀者在新一期雜誌送印的那個週末過世了。[21]這裡的關鍵，就在於區間長短的差異：該名讀者在世剩餘的時間，小於修正錯誤所需的時間，實在相當不巧。

隱藏在時間區間的十種風險

和其他時間性質一樣，忽略或誤讀區間會造成問題。我們之所以看不見區間或無法理解區間，背後的原因很細微。時間區間的相關風險也不只後續幾種，但是這份清單還是可以幫助我們，釐清那些讓我們看不見區間或無法理解區間的各種常見障礙。

語言

語言是有效率的工具，一個字或一個詞就可以表達一系列的行爲，但也正因如此，語言使得我們容易錯失時間區間。二〇〇七年二月十四日，暴風雪襲擊美國東北，一架捷藍航空（JetBlue）

機上的旅客，因此受困紐約約翰甘迺迪機場。該班航機不但不能起飛，也因爲沒有閒置的登機門，而無法讓旅客下機。當時，任職捷藍航空執行長的大衛・尼爾曼（David G. Neeleman）就說，這起事件令他感到「屈辱與羞愧」。[22]

要避免類似情況發生，我們就不能只思考「班機」（名詞）是否該取消，而必須思考相關時間序列：一架飛機要先離開登機門，滑行至起飛跑道，才能起飛。找出序列後，我們必須在序列當中找出各時間區間，並了解不同區間的長度受到哪些因素影響。「班機」這個名詞具有相當的抽象性，因此光用這個字，我們無法看出班機起飛背後所涉及的細部序列與區間。這些細節只要一個環節出錯，就可能造成問題。我們需要能夠簡短表達複雜序列行爲的名詞與動詞，若是沒有它們，人與人之間很難有效溝通，導致經常錯失重要細節，無法事先辨認、管理時間相關風險。記得問自己：我是否因爲語言簡扼的特色，忽略了步驟與階段間的區間？

定量法則

如果問一間公司的人員流動率有多高，通常得到的答案會是一個定量，如在某段時間內新進與離職的人數，好像我們有了一個概念，再給它一個數字或一個定量，事情就結束了。但是這樣的一個數字，並沒有辦法告訴我們一個職位會空多久、人員離職前是否會先知會公司，以及要花多久時間才能找到替補人選等問題。正如捷藍航空的例子一樣，「流動率」這個名詞雖然並未主動將前述這些問題排除在外，卻也無助於我們意識到問題的存在。

英語與許多其他語言都可以用簡短的字詞，或者定量來表達某個複雜流程。但事實上，只要是「變數」，其背後通常都隱含了時間區間。速率是變數，機場每小時起飛的班機數量也是變數，這些變數能讓我們了解需要考量的重點。但如果要進一步了解變數所帶來的風險，我們就必須更進一步找出變數的構成區間，並評估這些區間是否有過長或過短的可能。請記得問自己：定量思考——以變數爲基礎來定義問題，是否讓我錯失了相關時間區間？

單線思考

我們的眼前只要出現問題，最自然的反應，就是愈快找到解決方式愈好。如同表3.2所示，我們可以把問題與解決方式之間的區間，用下列方式表達：

→|— 問題 —— 解決方式 —|←

如果問題很嚴重，我們就會開始擔心萬一花太多時間尋找解決方式，會造成許多問題。然而，找到解決方式所需的時間，並不是唯一需要考慮的區間。比較好的方式，是給問題與解決方式各一條時間線：

問題 - - - - - - - - - - - - - - - - →
解決方式 ———————————————→

這種視覺呈現方式，有兩個好處。首先，它讓我們不會一心想著要縮短解決問題的時間，因此讓我們不會低估真正所需的時間。再者，也同樣重要的是，這個方法提醒了我們，問題解決以後，解決方式可能還會持續存在，反而成爲新的問題。

答案本身，也有可能變成問題

一九五九年的股市，就是這個情況。當初市場上出現一股投機熱，導致交易量大增。在市場無法負荷的情況下，許多交易必須等上數週才能結清，許多公司也得雇用額外人員與會計師幫忙。然而，同樣的問題，數年後又再度出現。紐約證交所於是開始擴增電腦、推行自動化，但到了一九七〇年代時，設備升級所需投入的成本，已經超出了交易量增加所創造的價值。[23]這是五十年前的例子，但問題的核心今天並沒有改變——解決方式仍有可能演變成問題本身。以飛航安全爲例，我們的後代在搭飛機的時候，是否還需要在登機前將鞋子脫下？很難說，但我很確定，未來許多問題的根源，都會是因爲許多解決方式其實適用時機已過，卻仍未停止執行而來。

將問題與解決方式分兩條線排列，還有另一個好處：這種做法有利於序列思考。就邏輯順序而言，應該是先有問題，再有解決方式。但有時候，解決方式必須在我們發現問題以前就執行，否則會有爲時已晚的風險。全球暖化就是一個例子，如果我們可以設法提出符合經濟利益的解決方式，也許就能趁還來得及的時候加以執行。記得問自己：我是否太過注重「解決問題需要多久」，因而錯失其他重要區間？

單點思考

我們習慣的思考方式，是在「某一個時間點」進行「某一類行爲」，很容易就忘記相關步驟的先後順序與步驟間的間隔。漫畫《呆伯特》（*Dilbert*）就曾經拿這個問題來開玩笑：想要買椅子的呆伯特在選定了某張椅子之後，一旁的業務員先誇他「選得好」，接著卻說道：「接下來你所要做的，就是乖乖坐好。可別不小心問了『會讓買賣破局的那個問題』」。

賣的不是椅子，是一種長時間的期望

想當然爾，呆伯特還是問了那個不該問的問題：「這把椅子還有庫存嗎？」業務員一聽，答道：「我們不賣椅子，我們賣的是一種期望，一種某張椅子會在某天爲你製造出來的期望。」呆伯特一聽，很自然地追問：「那麼，那一天要等多久才會到來呢？」業務員說：「如果我可以回答這個問題的話，那我就不是在賣期望，而是在賣椅子了！假設我現在隨便跟你說，兩個月後椅子就會寄到你家，到時候你每隔三個月打電話來對我發飆，打到電話都壞了，你覺得這樣有意義嗎？」回到辦公室的呆伯特，被同事問有沒有買到椅子，他說：「我不知道。」[24]

這段漫畫的意涵非常深遠，我們常以爲行爲與交易是立即性的，但事實上它們都是具有時間長度的序列，其中還充滿長短不一的區間。任何活動都含有序列與區間，如果眞想掌握事件耗時的長短，那麼一定要先找出相關序列與區間，**就像量子物理學家說的，世界上有些東西我們雖然看不到，但還是要去找出來一樣**。記得問自己：我是否因爲把某個狀況或行爲當作單一事件，而忽略了時間區間？

ED2+R 序列　簽約時必須討論的事項

有一種區間序列非常常見，因此我特地給它取了名字，叫做 ED2+R 序列。在這樣的序列當中，E 代表的是眼前存在的問題（exist, E）。當問題出現，要過一段時間（區間一），才會被偵測或發現（detect/discover, D_1）。但是，等到問題被發現後，要再過一段時間，問題才會被揭露給相關的利害關係人（disclousre, D_2）。在此之後，要再過一段時間（長短不一），各方才會開始努力解決問題、修補傷害（repair, R）。

前述這三個區間，也就是自問題出現至各方發現問題、解決問題的過程，非常重要。由於許多誤會經常源自這三個區間，因此簽合約時，一方可以考慮對另一方說：「我們是否同意，當任何一方遇到問題時，會在 X 天之內告知對方，即使單方認爲問題可以很快被解決？」像這樣把話說清楚，可以避免之後產生問題。清楚說明 ED2+R 序列以後，雙方就可以更清楚彼此之間的權利與義務。每次進行合約談判的時候，一定要有 ED2+R 的相關討論。

區間太長或太短

區間太長或太短，都會帶來風險。如果要檢查這種風險是否存在，方法就是分別檢查工作上最長與最短區間的最長與最短可能，並找出這些區間出現時所伴隨的風險。以二〇〇二年的世界盃足球賽爲例，當年葡萄牙以二比三被美國擊敗，代表隊教練安東尼奧．奧利維拉（Antonio Oliveira）就說，輸球的原因之一，在於「球員也都打歐洲聯賽，隊上只有兩週時間準備。」[25]

所謂「地平線失誤」（horizon errors）的情況，我們一定要特別注意。這種失誤，在我們向前向後看得不夠遠時，容易出現。二〇〇六年四月至二〇〇八年九月，史考特．麥克力斯基（Scott McCleskey）於信評公司穆迪（Moody's）擔任合規總監（Head of Compliance）時說：「穆迪（對各地方政府債券）提出信用評等之後，很少會回頭重新評估，常常放著好幾十年不管。」[26]老舊的金融基礎設施和老舊的實體基礎建設一樣，都帶有「地平線失誤」的風險：隨著設施老舊，安全性會下降。記得問自己：序列中最長或最短的區間是否會帶來風險？最短區間如果比想像中更短，或者最長區間比想像中更長，所帶來的後果是否已經列入考量？

缺乏彈性

區間的長短是固定的，還是可以伸縮？比方說，任期限制的設計，可以使區間長度標準化，確認責任歸屬。但任期限制也有其風險，如專業人才的流失，尤其當眼前的問題相當複雜、犯錯將產生長久影響時，專業尤其重要。因此，不得不考量這點：在商業環境中，期限是無法更動，還是可以調整，好讓負責的人有更多或更少的時間完成任務？請記得問自己：我是否考慮到時間區間是否具有彈性？固定與彈性兩者之間的差異又是否重要？

成規

時間區間的長短，通常有其既定成規。二〇〇〇年二月，布朗大學校長哥登・吉（E. Gordon Gee）在短短兩年任期後突然遞出辭呈，宣布前往田納西州范德堡大學（Vanderbilt University）接任校長。「我承認，兩年的時間實在太短，但當今的世界步調快速，充滿許多改變。」[27]如果違背了區間長短的成規，那麼就要做好向外界解釋或接受他人質疑的準備。如果哥登・吉到任范德堡大學校長後，沒兩年又再度離職，那麼我想不論他再怎麼解釋，名譽都很難不受影響——但他沒有這麼做，他到二〇〇七年才離開范德堡大學。記得問自己：如果區間比預期中的長或短，會出現什麼問題？

忽略區間位置

區間的長短很重要，但區間所處的時間位置也不容忽略。聖地牙哥教士隊（San Diego Padres）棒球員東尼・葛恩（Tony Gwynn）一九九九年時指出：「當球員和球隊的合約進入最後一年，自己卻表現不佳，此時如果錢不是問題，肌酸、雄激素、類固醇等藥物又能提升表現，那麼爲了延長職業生涯吃一年的藥，眞的會對健康產生危害嗎？」[28]我們如果知道風險出現的時機，就能更有效地規避或降低風險。如果棒球界注意到球員最容易服用禁藥的時機，相關努力應能獲得更大成效。球員開始用藥、重新用藥、停止用藥的時機，絕對不是隨機決定。請記得問自己：我是否已將區間所處的時間位置列入考量？

內容風險

高估或低估區間內的事件數量，皆可能導致失誤。有些區間的確空空如也，如前述薩多推出新發明以前的行李箱產業就是如此。但是其他時候，區間內發生的事可多了。比方說，銀行界在季報出爐前紛紛系統性減債，等到下一季初再將一切復元的做法，就促使美國證券交易委員會制定新規，防止銀行「刻意美化季報」[29]。此外，一個區間當中的內容，也有可能蓋過另一區間的內容，如戰況激烈的大選期間，與政治無關的要聞鮮少會被報導。記得問自己：區間內究竟有哪些事件？表面上看來和實際狀況可能不同？

區間誤判

我們常會誤判他人對區間的解讀。一九九三年，一位聯邦法官以一一五〇萬美元獎賞一位奇異電器（General Electric）的前員工，這個金額在當時創了紀錄。這位員工揭發公司內部與國防合約的相關舞弊案，奇異電器指控這位吹哨者——切斯特・華許（Chester Walsh），是爲了獎金才延後舉發時機。華許則反駁：「延後是因爲需要時間（超過四年），蒐集對奇異不利的足夠證據。」[30]

找到決定任務成敗的時間區間後，我們也要思考其他人將如何解讀區間，以及是否有錯誤解讀的風險。根據美國國家婚姻計劃（National Marriage Project）二〇〇一年的研究指出，女性通常視同居爲邁向婚姻的下一步，男性則多將其視爲測試雙方關係的方式。[31]請記得問自己：我對於區間意義與區間內容的解讀是否正確？其他人對同一區間是否可能有不同解讀？

善用潛藏在區間內的機會

特別注意時間區間，找出區間的長度、順序與位置，可以幫助你設計出更有效的行動計劃。美國全國運動汽車競賽協會（NASCAR）就運用區間序列，解決了一項時機難題。

針對違規改裝賽車，如何警告才能有效制止？

由於協會懷疑許多車隊有違反規定、修改賽車的傾向，因此希望能夠解決作弊問題，但在過程中卻面臨了一項時機難題：什麼時候發布相關警告比較好？若是太早警告參賽隊伍，是不會有人把警告當作一回事的。有人甚至會問：「怎麼會是現在警告？」，並懷疑警告內容的罰則是否眞的會實現。另一方面，如果太晚警告的話，很簡單，一切就會來不及。在這道問題上，一般認爲協會所面臨的是單點問題，也就是只要思考警告的發布時機即可——一項行爲、一個時間點。但協會最後解決問題的方法，並非單點思考，而是採用區間序列策略。32

1. 競賽協會提早在前一季就發布警告：「如果發生違規情事，將加重處罰。」
2. 參賽車隊參加代托納「速度週」（Daytona Speedweeks）的三週前，協會再度發布警告。
3. 在代托納五〇〇（Daytona 500）於二〇〇七年二月十八日週日舉辦的前一個週日，協會下令將五支車隊的隊長與一位團隊副總裁停職，除了估算罰款外，還扣除五位車手與隊伍相當分數。
4. 罰款生效的時間，安排在下一季季初，建立完整的循環。

違規者受罰前，協會提出了兩次警告，而且兩次之間的區間愈來愈短。警告分別約是在一年、一個月與一週前發布，而且其生效期限爲下一季季初，等於是善用了時間句逗。可見，協會所採用的解決方式，依靠的並不是單一警告，因爲「多早警告才有效？」其實是個無解的問題，如果這樣思考，等於是在使用單一定量來解決時機問題，也就是用特定長度的單一區間來處理。反之，協會並不這麼做，採用的不是單點解決法（選定單一時間），而是線狀解決法，有效運用了區間序列。

如何排解癌症病患等待化療驗血的苦悶？

找到區間，就能找到更好的解決方式。癌症病患必須驗血來測試身體狀況是否可以承受化療，但研究顯示，病患不喜歡在醫院等待驗血結果。一般所提出的解決方式，多半會從縮短等待時間切入，思考驗血結果如何更快出爐。如果無法縮短等待時間，便會用其他方式，如讓病患看電視或從事其他活動，來分散他們的注意力。

紐約史隆．凱特林癌症治療中心（Sloan-Kettering Cancer Center）曾邀請IDEO設計公司來研究這個問題，結果發現醫院應該要在排定化療的前一天就幫病人驗血。中心發現，許多病患不喜歡在化療前一刻驗血，反而偏好跑兩趟醫院。[33]這裡的關鍵，在於事件序列當中（從驗血至接受化療），「等待驗血」這個區間所插入的位置，而不是長短。如果單從長短來思考，就會認爲要用「定量」來解決問題：如果等待時間定量太長，就縮短一點。但是在這個例子裡，比較好的做法是直接將關鍵區間（等待結果出爐的時間）移到前一天。如果驗血結果良好，病人第二天就可以直接進行化療，不用另外等待。但這裡要注意的是，這個解決方式之所以可行，是因爲驗血的結果不會在一天之內改變。如果病人的驗血結果每分鐘都不同，那麼便無法用分兩次的方式來解決問題。

美國全國運動汽車競賽協會與史隆・凱特林癌症治療中心的例子雖然明顯不同，但我們也要思考其共通之處。在兩個案例中，解決方式最後所採取的策略，都是區間序列策略。以汽車競賽協會而言，警告區間從賽前數週延長到賽前數月，而以癌症治療中心的例子而言，驗血則是從化療前幾分鐘提早到前一天進行。由此可知，區間可以幫助我們在傳統解決方式無效時，找到更新、更好的答案，這也正是爲什麼找到時間區間是如此地重要。

時機思考題

喜劇演員強納森・溫德斯（Jonathan Winters）曾分享過一段他在造訪希臘雅典娜神殿時，與另一位觀光客的對話。

「有一個女的問我覺得神殿如何，」溫德斯說。

「我說我很失望。」

「爲什麼？」

「房子都倒了。」

「但這是西元前建造的。」

「那到現在也該修好了吧？」[34]

溫德斯提醒了我們，隨著時間過去，人們對事情將有所期待——零件用久會耗損、東西壞了會被修好、記憶過了會消散、新的流行語用久會變濫、領導人則會退休或被推翻。原本應該具有某種長度的流程如果縮短，如寡婦今日才埋葬親夫，明天就改嫁他人，我們就知道有問題。

有時候，如果事情隨著時間過去，卻沒有任何改變，區間內確實空空如也，代表的可能是一種警訊。我們知道，鐵達尼號沉沒時，船上的救生艇數目不夠是不爭的事實，但當時整艘船卻沒有違反任何相關法規，原因就在於當時的英國貿易委員會已經將近二十年沒有更新相關法規，而整個海運界也已經四十年沒有發生嚴重的海上傷亡意外。[35]也就是說，相關法規已經老舊。我的建議是，**所有與安全或重要議題相關的政策和規定，都必須蓋上「時間戳記」，標明訂定時間與有效期限，提醒我們適時回頭檢視、修改，甚至廢除相關規定。**

■本章摘要

時間區間的六大特點：

- 類型：時間區間有四種——事中區間、事後區間、事前區間、事件歷時，四種時間區間都要鎖定、也要找到。
- 長短：注意特別長及特別短的時間區間，了解時間區間的最大與最小長度。同時，要思考長區間與短區間如果變得更長或更短，會帶來什麼問題。
- 主客觀感：討論時機問題時，有兩面時鐘必須考量，一面是牆上或其他裝置所顯示的時間，另一面則是我們心中的時間。兩面時鐘所記錄下來的時間長短可能不一樣，要記得每個人在探討時機問題時，所使用的時鐘都不只一面。

- 內容：記得向內探詢，了解區間內容。
- 意義：不同人對於相同區間的意義會有不同解讀。
- **數量**：特別注意區間數量，時間區間的數量多半超乎你的預期。

錯失、誤讀時間區間所帶來的風險：

- 語言風險：語言可以精簡地表達一系列的行爲，這樣的效率卻使我們看不見行爲當中的序列，如「班機」一詞背後所涵蓋的，是一系列需要妥善管理的區間序列。
- 定量思考：若以單一數字、比率、百分比等單一答案來回答時機問題，我們會看不見相關重要區間。舉例來說，即使知道員工流動率爲一二%，這個數字卻無法告訴我們一個職缺會空多久、公司會不會事先得知人員即將離職，以及找到新人塡補缺額需要多久時間等。單一數字、百分比，甚至是其他變數，都忽略了眼前概念中非常重要的組成元件——時間區間。一定要記得找出這些區間。
- 單點思考：當我們只將單一事件與單一時間點連結，很容易就會忘記相關的序列、步驟與區間。比方說，聖誕節等假期，每年都是同一天，但是許多時間區間，如購物、布置、旅行等，卻是在十二月二十五日前後發生。
- 區間過長或過短：誤判時間區間的長短，可能會造成時機問題，如低估商業循環的長度，可能會影響到預算編列與相關預測。

●缺乏彈性：區間是否具有彈性，一定要弄清楚。比方說，一年固定有三百六十五天，經濟蕭條卻可能只維持數季或更長的時間。

●成規：時間區間的長短，通常有一定成規。如果違反成規，也會造成問題，如接受一份工作後，一般至少要做上一段時間再換工作，不然外界會有不良觀感。

●位置風險：區間的長短很重要，但是區間所處的時間位置也不容忽略。比方說，運動員在合約期滿的前一年，比起再之前，更有可能服用禁藥。

●內容風險：若是高估或低估區間內的事件數量，可能會導致失誤，如組織可能會在季末財報出爐前進行減債，並在下一季開始的時候回復原狀。另外，我們也常常誤判別人對於區間內容的解讀，如投資人對併購案可能會抱持懷疑、擔心的態度。

●利益衝突：每個人對同一區間的重視程度可能會不一樣，如利害關係人也許希望馬上解決問題，但另一方則可能希望先決定問題是否重要。

找出時間區間，也可以帶來機會：

●注意時間區間的長短、序列與位置，有利於我們設計出更有效的行事途徑。別忘了！美國全國運動汽車競賽協會就是透過時間區間，來解決參賽車隊違規改裝賽車的問題。

●縮短或延長一既定區間，可以幫助我們改良系統與流程。比方說，將兩個區間合併在一起，也許可以改變顧客的觀感，或者激發創新。紐約史隆．凱特林癌症治療中心透過區間的提前——提前驗血，改善了病患的醫療體驗。

4 速率

「我所知道的是，世界上的多數事情要不是快得看不見，就是慢得看不見。」

——羅尼・宏恩[1]（Roni Horn），美國藝術家

「速度！昨天晚上我把房間的燈關上，開關才剛按下去，房間還沒暗，我就已經躺在床上了。」

——拳王阿里（Muhammad Ali）[2]

時機決策要下得好，一定要了解環境的變化。假設新科技出現了，是否會威脅到公司的核心事業？一間公司在遇到變革時，也許會好整以暇，採取靜觀其變的策略，這種公司的外在環境多半相當穩定，所以主管如此假設變革的速度——緩慢且循序漸進，也許有其道理。但假設另一間公司的外在環境變革非常劇烈，一連好幾年都猶如颶風般來襲，這種時候主管如果沒有超人般的能力，很難跟上變革的腳步。本章將探討各種快慢不同的變革速率，幫助讀者透過不同速率性質的應用（如方向、透明度等），做出更好的時機決策。

雖然變革無所不在，變革腳步的快慢，卻常爲人忽略。一九九五年，愛滋病研究人員就發現了一項重大事實，他們一直以來都錯估ＨＩＶ病毒影響免疫系統的速率。一九九五年以前，ＨＩＶ病毒的傳播普遍被認爲是循序漸進的過程，但研究卻顯示病毒在感染人體的那一刻起，就會和免疫系統展開激烈會戰。這樣的發現，對隨後藥物療程的設計及治療疾病的方法，有非常重大的影響。但研究人員爲什麼這麼晚，才發現這個關鍵事實呢？

塞門．韋恩霍布森（Simon Wain-Hobson）博士是巴黎巴斯德研究院（Institut Pasteur）分子回顧病毒學（molecular retrovirology）實驗室的主持人，他當時的反應是：「這麼顯而易見的事，我怎麼會沒有想到！」他表示，愛滋病研究這個領域，很可能在速率方面見樹不見林：「我們強大的科技，每天產出大量的數據資料，反而讓人無法停下來思考。」[3]

複雜的世界，事物以不同速率在進行

這個問題，每個人都會遇到：資訊太多，思考的時間卻太少。但是最大的問題，並不只是時間有限，而是我們提出了錯誤的假設。當某變革的速率緩慢，我們常會假設是另一個變革不夠快所致，因爲龍會生龍、鳳會生鳳，這是我們經驗現實世界後所獲得的結論。比方說，揮棒不夠快，球就不會飛太遠；如果揮棒快一點，球就會以更快速度飛得更遠。但我們卻忘了，速度之所以緩慢，可能是許多不同流程所造成，而這些流程的作用，有些也許會互相抵消，如同時踩剎車和油門就會有這樣的效果。正如愛滋病研究人員所發現，我們不能忘記單一速率的快慢，其實是由許多原因造成。我們雖然喜歡簡單的事物，如單一速率或單一原因，但這個世界卻複雜得多。

我們忘記速率可能不只一個的原因，是我們太常過分注重其中一個，因而忽略了其他速率。西北大學的經濟學家羅伯・戈登（Robert J. Gordon）發現，美國在一九九〇年代中期：「除了電腦硬體製造業以外，九九%產業的生產力毫無成長。」[4]當時，高科技產業發展速度之快，讓經濟學家忘了其他產業根本停滯不前。我們每個人，在當時都分了心。

有時，我們之所以忽略變革的速率，是因爲我們以爲它不存在。比方說，我們對於脂肪細胞的了解，就是很好的例子。在二〇〇八年以前，科學家一般認爲，人體內的脂肪細胞數量在成長初期就已經決定，會伴隨人的一生。當時，大家也假設脂肪細胞的數量並不會增減，只是大小會改變。但《紐約時報》在二〇〇八年報導了瑞典研究人員的發現，指出「每個人每年不論身材胖瘦、不論體重增減，都會代謝掉一〇%的脂肪細胞，由新的脂肪細胞來取代。」[5]

這樣的發現，對於減重有非常重大的意義。若能降低新細胞替補率，也許就能打開控制肥胖的新門路。脂肪細胞每年固定代謝的現象，之所以沒有更早被發現，就是因爲科學家當時無法追蹤脂肪細胞的生命週期。但這並不是唯一的問題，如同健康與科學新知記者吉娜・科拉塔（Gina Kolata）所言：「根本沒幾個人想到要提出這個問題。」[6]在工作上，**我們必須問自己的是：哪些變革速率，是我沒有注意到的？**

時間速率的七大特點

速率最明顯的特點，就是快、慢，也就是事情發展的快慢程度。但這只是起點而已，關於速率，我們還有許多其他特點必須考量。

- **正常速率：**針對某一特定流程，一般預期或正常的變革速率有多快？
- **速率快慢：**某一事件或某一變革的最快與最慢速率爲何？該最快與最慢速率可以如何加快或減緩？
- **歷時：**某一既定速率或頻率，可以持續多久不變？
- **方向：**方向重要嗎？如果速率改變，是加速還是減速呢？
- **主客觀感：**客觀變革速率與主觀變革速率之間是否有落差？
- **意義：**既有速率代表了什麼意涵？不同利害關係人又將有何不同解讀？
- **數量：**可能遇到或必須管理的事件速率與變革速率，可能會有幾種？

正常速率

不同系統有不同的營運速率，雖然速率可能隨著時間改變，但重要的是要找出系統的正常速率，或所謂的N速率（normal）。未來學家兼科學家雷．庫茲威爾（Ray Kurzweil）認爲，資訊科技的進展是以指數型的速率進行，因此不斷在加速。相對於資訊科技的高變革速率，其他系統與領域的正常速率或預設速率則可能非常緩慢。一般而言，我們知道科技的變革，比起政治、法律、文化等目標與需求不同的變革要快上許多。

所謂正常速率，可能因脈絡不同而有所不同。諜報、驚悚小說家勞伯．勒德倫（Robert Ludlum）一九七五年的著作《海勒敦的吶喊》（*The Cry of the Halidon*），以筆名強納森．萊德（Jonathan Ryder）出版，等到一九九六年重新出版時，勒德倫才改用本名。根據勒德倫指出，這麼選擇的原因，是由於一九七四年時一位作者如果一年出版超過一本書，會被當成只爲賺錢的廉價寫手。[7]

必須注意N速率，至少有兩個原因。第一，不同N速率的系統如果碰在一塊，會像兩個運轉速率不同的齒輪一樣，碰出問題——有個著名的組織解決方案，就是成立「臭鼬工廠」(skunk-works）這種研發單位，讓腳步較快的創新者，可以免受官僚體系的束縛。第二，系統速率若是較N速率快或慢，也仍會隨著時間回歸正常速率。比方說，市場會自我平衡，又或者像統計學家所說的「均值回歸」。因此，如果某件事情的速率高出或低於平均，這種情況並不會永遠持續下去。既然如此，我們該問的時機問題就成爲：事件何時回歸正常速率？回歸的時機又會產生什麼影響？

速率快慢

特別注意極快或極慢的變革速率，因爲它們有可能帶來非常不同的後果。比方說，燃燒與生鏽都是氧化作用，差別只在於兩者反應的速率不同：燃燒是物體的快速氧化，而生鏽則是慢速氧化。極端速率所帶來的不同後果，也可以在金融市場上看到。每一天，交易的步調可能快到令人措手不及，但也有可能在一段時間內完全靜止、停止運作；兩種情形都會對整體市場交易產生顯著的影響。

要找到極端速率，就要先找到對眼前工作具有重要性的最快流程與最慢流程。這些流程可以是組織內部的，也可以是組織外部的。找出最快與最慢流程之後，再分別找出這些流程的最快與最慢速率。我們可以將所得結果，用下頁二乘二的表格（圖4.1）表示。接下來，讓我們逐格檢

圖 4.1 速率

	最慢流程	最快流程
最小速率	1	2
最大速率	3	4

視不同組合的重要性，先從最慢流程開始。

最慢流程的最小速率

速度太慢可能產生問題，如一項計劃如果隨時間無法有任何進展，很可能會被取消。最慢的速率就是靜止不動，如果速率靜止不動，一定要特別注意，因爲無法改變、彎折、伸展的事物只會應聲斷裂，而且可能不用多久就會如此。舉例來說，高固定成本、低邊際成本的企業，只要滿足了固定成本，往後每一樁交易都可以直接列爲淨收入。但是當市場衰退，高固定成本的公司很快就會走向衰亡。二〇〇一年到二〇〇二年達康產業的泡沫化，就是這個情形。[8]

最慢流程的最大速率

一般慢速的流程，有多大的加速空間？好萊塢在拍完電影之後，必須經過一段不算短的後製期間，但這個期間要愈短愈好，因爲許多電影得趕在暑假或耶誕檔期上映。不過，電影的剪接，如同許多流程一樣，最快也只能達到一個限度。電影的製作需要不同團隊處理不同事務，如加入視覺特效、調整畫面顏色、添加配樂、修片等，當其中一支團隊對電影加以更動，所有人都必須有所調整。[9]這樣的調整需要時間，即使有最新、最快的科技，還是需要專業人力的操作。本章不斷出現一個主題，那就是我們所發明的技術，速度比我們還要快，這也正是我們發明技術的原因。

最慢流程的最大速率如果不夠快，也會產生問題，而這種問題最容易出現在變革困難、情況無法反轉，或者以傳統先例爲重的情況裡。舉例來說，要根除棒球選手使用類固醇的習慣，要花很久的時間，因爲醫病之間有保密原則：「球隊有自己的傳統，工會也有隱私權的相關疑慮。」[10]此外，只要涉及法律，事情發展的腳步，也通常快不起來。早在三百年前，英國文豪莎士比亞就寫過「法律的遷延」（the law's delay）這句台詞，許多事情在三百年後的今天，依然尚未改變。

最快流程的最小速率

有些流程必須至少具有一定的速率才能成功，像是過季折扣賣場 T.J. Maxx，就需要顧客頻繁回流才得以生存。如果店內無法持續提供新商品，顧客便可能不再上門。我將這點以飛機的「失速速度」來比喻：如果低於某個速度，機身就會失速墜毀，而經濟也是一樣，如果經濟沒有成長，就可能陷入衰退。

最快流程的最大速率

一般而言，如果流程依賴「符號」運作，如字母、等式、代號等，那麼事件速率與變革速率一定會相當快。我們可以快速在紙上寫下「樹」這個字，所花時間比真的種一棵樹一定要快過千百倍。此外，如果符號並不指涉眞實物體，而是指涉其他符號時，速度更可能快得令人頭暈目眩。比方說，使用高速演算法來處理每秒高達數千筆計交易的華爾街電腦系統，就是一個例子。最快流程（以符號指涉其他符號）的最大速率，可以非常、非常快。

符號系統的速度與複雜性，在二〇〇八年席捲全球的金融危機中可見一斑。事實上，這場金融危機，令人不禁想起一百年前藝術家瓦西里・康定斯基（Wassily Kandinsky）的首幅全抽象作品。在一幅抽象作品中，畫布上各種形狀所指涉的事物，完全與外在眞實世界無關，藝術作品本身就創造出全新的現實，儼然是一個封閉的自我指涉系統。複雜的金融工具也一樣，財務工程師所創造出來的架構，就好像抽象畫一樣，與我們所謂的「眞實世界」與「實體經濟」毫無關聯，難怪小說家湯瑪斯・沃爾夫（Thomas Wolfe）會將股票與債券形容爲「蒸發的財產」：「人們完全與背後的資產失去聯繫。這些深奧難懂的工具，一張張全都是紙。」[11]

抽象畫家靠著畫布、畫筆與顏料，就將符號從現實裡頭區分出來。現代金融系統，則是靠著電腦與網路完成相似的任務。在此，容我借用普魯士將軍克勞塞維茲（Carl von Clausewitz）的話，我認爲現代金融體系可以被視爲抽象藝術以另一手段的延伸，兩者都涉及了相當深層的人性需求，也就是使用符號、把玩符號、創造符號的需求。事實上，我認爲傑克森・波拉克（Jackson Pollock）的畫作，如《秋天韻律》（*Autumn Rhythm*）等，就可以說是現代金融體系的最佳寫眞。複雜的衍生性金融商品，就是「金融藝術家」理所當然的傑作。

作家伊塔羅・卡爾維諾（Italo Calvino）如此形容一個符號互相指涉的世界，在他筆下其中一位角色這麼說：

> 我的金融帝國所根基的，正是萬花筒與反射鏡[12]的概念，將企業在沒有資本的情況之下加乘，就好像在變鏡射魔術，一面擴張信用，一面將可怕的赤字藏在變幻莫測的視覺死

角裡。我的祕密——我在這個危機四伏、市場崩盤、企業破產的時代裡，仍然不斷大發利市的祕密，從來沒有改變：我絕不正面從金錢、商業、獲利下手，而是由鏡光平面斜倚交疊中的折射角度切入。[13]

我們能多快改變符號，並改變其指涉的具體事實，兩者之間的速率差異，可說是現代世界最關鍵的速率差異之一。結果就是我們的系統以過快的速度運行，當中所衍生出來的高度複雜性，連想要管理系統的人都無法掌控。

在處理問題時，要透過最快、最慢流程的最大、最小速率分析，來評估已知與未知的事情。如果你對於二乘二表格裡有任何一格所知甚少，如不清楚最快流程的最大速率爲何，那麼你的計劃就有可能遇到尚未發現的風險。

歷時

我們一定要弄清楚某個速率究竟會持續多久；接下來，我要舉一個關於盜獵者與獵場管理員的有趣故事來說明這點。

持之以恆，好時機終究會出現

有一位盜獵者常在日出以前，偷偷進入獵場違法獵補野生鹿，因而被管理員盯上，但管理員卻苦無方法將盜獵者當場逮個正著。於是，管理員決定在半夜兩點來到盜獵者的小木屋後方，埋伏守候。管理員在寒冷的黑暗當中等待著，打算一有任何風吹草動，就要尾隨盜獵者，與他來個正面對質。終於等到四點鐘的時候，小木屋亮了燈，管理員眼見事情有發展，覺得愈來愈有希望。

結果，年邁的盜獵者走上了木屋的後陽台，對著黑暗中大聲喊道：「管理員先生，外面又冷又黑。別躲了！進來喝杯熱咖啡吧！」

管理員一聽，知道自己事跡敗露，只好起身進屋取暖。但在幾週之後，管理員又再度故技重施，在半夜兩點天寒地凍的黑暗裡，躲在盜獵者的木屋後方，守株待兔。不久之後，屋內的燈再度亮起，看似有人活動，接著盜獵者又再度走上了後陽台。

「管理員先生，待在外面會感冒啊！快進來喝杯咖啡，暖暖身子吧！」管理員一聽，羞赧至極，只好起身和盜獵者一起進了屋。

一樣的情形持續了好一陣子，管理員還是逮不著盜獵者。又過了一段時間，管理員聽聞盜獵者因爲心臟出了大毛病，進了醫院，於是前往探病。探病時，管理員對盜獵者說：「有件事情你一定得告訴我，我在樹叢裡面埋伏的時候，你怎麼知道我在外面？」盜獵者一聽，笑著轉過頭來。

「年輕人，我不知道你在外面！三十年來，我每天早上都會走上後陽台，對著外頭喊同一段話。」[14]

這個故事給我們的教訓就是，如果想要克服歷時的相關挑戰，重點就是要像盜獵者一樣，持之以恆。**只要持之以恆，就不用擔心行動時機太早或太晚**。當然，要持之以恆常常所費不貲，也相當累人。因此，當你在決定行動速率快慢的時候，要考慮這樣的速度能不能長久維持。故事裡的盜獵者所採取的頻率，就是可以長久維持的，也因此讓他始終沒有被管理員逮個正著。

方向

我們一般認爲，行爲要有效果，一定要先知道事情發展的方向。在多數情況當中，流程的方向顯而易見，如祕密最終會見光、破碎的產業最後會整合、泡沫最後會破裂等。但有時改變的方向並不重要，我們只要在意速率就好了。這點在時尚產業尤其如此，領帶寬或窄、裙子長或短，其實沒有那麼重要，只要持續有新玩意抓住消費者的注意力就好了。一九八〇年代，本田工業（Honda）在一年半內推出多款機車，使得機車設計成爲一種時尚，導致競爭對手山葉（Yamaha）無法反應。[15]這樣有趣的策略值得我們謹記，事實上，許多產業之所以能持續蓬勃發展，部分靠的就是極快的速率。

主客觀感

一件事情「發生」的速率，和它「看起來」發生的速率，可以是天差地遠。舉個每個人都熟悉的例子來說，一年不管怎麼算，都有三百六十五天，但隨著年紀增長，一年總是過得比一年快。爲了確保自己不忘主客觀感的差異，我特別用O速率（objective，「客觀」）和S速率（subjective，「主觀」）這兩個標籤來提醒自己。比方說，客戶的抱怨，比較可能受到S速率的推動，不是O速率。

善用主客觀感的差異，創造創新

不過，對蘋果公司（Apple）而言，O 速率與 S 速率兩者的差異，反而讓他們看見了創新的機會。蘋果公司發現，使用者如果能看到處理的「進度條」，會覺得電腦處理工作的速度更快。[16]同樣地，在尖峰時刻，高速公路上的指標會顯示抵達某地點所需的時間，如距離二八〇號公路交流道，還需要十八分鐘。這樣的做法頗有安定的功用，少了預估時間，駕駛人的主觀感受會覺得還要開很久而愈趨急躁。

意義

不同利害關係人將如何解讀某速率？公關公司總是建議客戶如果有壞消息，一定要及早發布，不然人們會覺得拖拖拉拉，是爲了隱藏更可怕的事。二〇〇八年春季，金融服務公司貝爾斯登（Bear Stearns）手頭有一塊投資部位必須賣出，但如果賣得太快，外界將對銀行失去信心。個別投資人會擔心，是不是因爲銀行手上儲備金不足，這將使得原本脫手部位想要解決的問題更加惡化。類似這樣的狀況時常發生，我把它稱爲「減速的兩難」（rate-reducing dilemma, RRD）——有時我們的行動必須快速，卻因爲快速行動可能帶給外界某些主觀感受，因此必須減速進行。「減速的兩難」在危機出現時幾乎都會存在，因此在評估風險時，一定要考慮到這個問題。

數量

任何複雜的情況，總是會涉及多重速率，而這些速率彼此之間的差異，可能會產生問題。因此，我們一定要把各個速率都找出來，了解它們如何相互作用。

回想第一次世界大戰，當初的衝突部分可說是外交失靈所致。當時的外交官，無法處理大量、快速的電子通訊。一九一四年的外交界，多由「做法古典的紳士所組成，他們所仰賴的，仍然是『君子口說爲憑』的面對面溝通模式。」[17]但奧匈帝國下達最後通牒所產生的時間限制，是電話與電報出現以前的時代無法想像的，如果要妥善處理，所需要的敏捷與速度，是當時根本做不到的。[18]當時的問題，就在於有多種速率的存在，而且彼此之間相互衝突。

網路銀行的泡沫化

這雖然是一百年前的情況，同樣也適用於今天。現代高速的通訊科技，讓人們常在還無法思考之前，就必須做出回應。達康時代早期獨立網路銀行夢的破滅，就是一個例子。根據《經濟學人》指出，直到二〇〇〇年春天早期：「只要是把自己當一回事的理財顧問，公事包裡一定會帶著一張圖表，說明網路銀行交易的邊際成本，比起實體銀行根本是九牛一毛。[19]」當初的論點，就是網路銀行可以節省人力成本，相關開支和實體競爭者相比根本是微不足道。

照理說，網路銀行應該大獲全勝，但我們知道事情並未如此發展，而問題就在兩個不同速率之間的差異：消費者接受將金融資訊交託網路的速率，以及網路銀行成本上升的速率。要消費者信任網路並不容易，所以前者的速率很慢。網路是個危險的地方，有病毒危害、系統當機、駭客入侵的疑慮。雖然建立信任的速率相當緩慢，但成本上升的速率卻很快。爲了獲取市占率，網路銀行擲下重金大肆宣傳、提供客戶無法長久的低廉利率，導致成本上升的速率快過業績。

速度太快，再多好處也承受不起

多重速率的問題，無法透過一般長條圖顯示，因爲長條圖和圓餅圖一樣都是靜止的，不論我們盯著圖表看多久，表上數值都不會有所更動。圓餅圖就好像速食一樣，一口（一眼）就能把全部內容都吃下去，但在一個速度與時間相當重要的世界裡，這樣的圖表一點營養價值也沒有。

在通訊與科技以外的領域，速率差異的問題也頗爲常見，其中一個例子就是鋁製球棒。鋁棒有許多優點，如它比木棒便宜，比較不容易打斷，打出去的球也能飛得比較遠，而且要是打擊者沒有抓到擊球甜蜜點，鋁棒也不會像木棒那樣強烈回震打者雙手。鋁棒的好處再明顯不過，它會讓賽事更有看頭，全壘打數更多（球迷喜歡全壘打），還可以降低器材採購成本。此外，將木棒改用鋁棒也不會打亂賽事的平衡，因爲每支隊伍都可以受惠。

既然好處多多，問題出在哪裡呢？你可能已經知道答案了！使用鋁棒擊球會導致球速太快，快到投手來不及反應，接不住也躲不開（球速快過投手反應時間），因而造成人員受傷。這個問題特別麻煩，因爲多數年輕球員就只是想要好好打場球而已。要事先看到這種風險，就要去思考自己的產品在使用時，會產生哪些速率差異。

速率所造成的七種風險

如果沒有注意到事情改變的速率，許多時機失誤將隨之而生。印在紙上的內容是靜止的，我們必須不時提醒自己事物是「動態」的。卡通畫家只要畫幾筆，就可以創造動態。如後續所述，我們之所以錯失速率相關風險，有許多原因。

正常速率

忽略各種系統（政治、文化、經濟，財經、法律等）的正常速率（N速率），可能會導致問題。比方說，共同基金投資人一般預期在季末拿到基金的績效報告，績效報告在發布以前，要先經由公司內部的合規處核准，但一般而言，合規核准的N速率相當緩慢，因此公司一定要預先考慮到這點，才能在期限之內公布報告。

在某些狀況中，產業或企業可能同時面對多重N速率。以石油業為例，石油輸出國組織（OPEC）為了維持油價不跌，會很快地採取行動削減產量，但當市場上可能出現短缺、必須提高產量時，卻慢條斯理地應對。[20]只要是關心油價的人，都一定要了解這種不對稱的關係。記得問自己：系統內一個或多個的N速率，我是否都已經了解？

方向

當速率應該加快卻減速時（反之亦然），要特別注意。一般認爲，市場需求上升會令企業擴編人力，但事實上卻不一定如此。如果生產力提升的速度快過經濟成長，那麼即使市場需求上升，企業還是能在裁員之際應付市場需求。[21]記得問自己：系統內部速度的增減方向（或是改變或流程的速度），是否和我預期的一樣？

速率快慢

環境當中變革的速率，可能比你所能應付的來得更快或更慢。比方說，最慢流程的最大速率可能太慢——還記得第一次世界大戰的起因嗎？主要是因爲外交部門的反應太慢。反過來說，最快流程也有可能比我們預料中的還要快，因爲要是搶得先機能帶來優勢，能從中獲利的人一定會立刻反應。舉例來說，由於許多OPEC國家都預期二〇〇〇年三月所達成的一項協議，會使得石油產量提高，因此皆先一步提高自身產量，[22]使得油價下滑的速度比原先預期的更快。記得問自己：二乘二速率表格當中，是否有任何數值可能會爲重要流程與系統帶來問題？對於表格上每一個欄位，我是否都有足夠資訊？

歷時

當流程的速率太慢、歷時太長，也會造成問題。如果一間公司重整的過程耗時太長，主管的工作可能會不保。如果經濟持續不景氣，政治人物就可能必須在下一次選舉當中付出代價。記得問自己：某個既有速率（如變革、進展的速率）會持續多久？是否會改變？

主客觀感

不同利害關係人對同一速率，可能會有不同的詮釋。由於不同人的主觀判斷可能不同，對速率所產生的主觀感受可能比實際上快或慢，因此可能採取出人意料的行爲。當顧客有所抱怨時，公司也許覺得已經迅速展開處理，但顧客可能還是覺得已經等了一輩子之久。記得問自己：不同利害關係人對速率將如何解讀？誰會滿意，誰又會不滿意？爲什麼？

意義

誤讀速率意義的情況很可能出現。比方說，我們也許會因爲競標提案被直接駁回，而認爲對方連看都沒看。事實上，對方之所以如此，很可能是因爲類似案子之前就有人提過，是在考量後拒絕的。記得問自己：某速率在某情況裡，究竟代表了什麼意義？速率的意義是否被我誤解？

數量

正如本章通篇所見，要面對不同變革、發展、進步的速率，是一種挑戰。以美軍在伊拉克的戰事爲例，美國後來才發現他們無法及時訓練且動員足夠警力，來填補海珊政權瓦解後所留下的權力眞空。記得問自己：是否有多項事物以不同速率同時進行？哪些流程走得比較快？哪些比較慢？是否需要注意這種差異？

善用Q&A，打開速率相關機會

時間速率這面透鏡，和本書介紹的其他時機透鏡一樣，能在日常生活中幫助我們找出環境中的時機相關風險與機會。

提出問題

速率透鏡能幫助我們提出關鍵問題。比方說，如果市場上出現通貨膨脹，那麼它會慢慢發生，還是有可能快到好像有人把油門踩到底一樣？同樣地，速率透鏡也能幫助我們妥善規劃各種行動。比方說，推出新產品、採用新科技的速度要多快？在創新能力甚為重要的產業裡，上市速度當然愈快愈好。現在的企業比起以往，更需要及早針對新概念進行顧客測試，並根據測試結果調整想法，然後再次測試、不斷重複，不能等到產品與服務完全成型才端出檯面。

但是**有時候，把速度放慢也可以帶來機會**。在某些產業裡，如高級飯店、水療中心等，提供客戶一對一、客製化的服務，比起行動快速更能帶來價值。另外，設計出能強化緩慢流程的產品，也是一種可能性。奧地利玻璃師傅克勞斯・萊德（Claus J. Riedel）便率先發現葡萄酒的醇香、味道、平衡、餘韻等特質，會受到酒杯形狀的影響。[23]透過不同酒杯形狀的設計，萊德讓品酒時五官感受的緩慢序列，變得更加令人享受。

在工作上，我們其實也有許多善用速率相關問題的機會，例如：

- **揭露：**讓他人知道我行事的速率比較好，還是掩蓋事實或保密比較好？
- **區間：**速率持續的時間長一點比較好，還是短一點比較好？
- **意義：**別人對於我的行事速率與步調將有何解讀？我是否能影響他們的想法？
- **極限：**目前手頭上的工作，最快與最慢的部分分別為何？最慢的流程是否應該替換成較快的，或是換一種方式進行？

解決問題

使用速率透鏡，能讓我們把注意力放在速率之間的差異，而這些差異可以幫助我們解決問題。某個春天早上，我看著一臺推土機，試著舉起一大塊水泥板。水泥板躺在軟軟的泥土上，每次司機試圖將推土鏟插進水泥板與泥土間的空隙時，只會把水泥板推得更遠。最後，司機找到了一個方法：首先，他將推土鏟放在水泥板的邊緣，然後緩步推進、一次一吋，慢慢地將整塊水泥板立了起來，使得一端插入鬆軟的泥土中，讓水泥板不再往前滑動。等到水泥板與地面幾乎成垂直狀態時，司機再將推土鏟降回地面，水泥板先是暫時不動，然後開始搖擺，最後以完美的弧度落入地面上的推土鏟中。這個解決方式之所以可行，在於善用了速率差異：推土鏟降回地面的速度，快過水泥板倒下的速度。

舉這個例子，當然不是因爲我們都在工地做事，而是想要證明速率差異，其實是日常生活中的一部分。但因爲我們很少注意到速率之間的差異，腦中解決問題的工具箱裡頭便因此沒有它。要善用速率差異，就要先把它們找出來、認識它們的重要性，如此便能隨時善用這項技巧。

時機思考題

雕塑家羅丹（Rodin）的作品之所以充滿動態感，原因之一便是羅丹讓雕像的不同身體部位，同時呈現不可能同時出現的姿勢，創造出不協調的感受。當觀者試圖調和雕像不協調的肢體時，動態感便油然而生。羅丹因此得以在客觀上（O速率）完全靜止的物體當中，創造出主觀（S速率）的動態感受。

羅丹說，動態的主觀感受，來自於手、腳、軀幹與頭部皆有各自的動作，使得身體進入一種從未有過的姿勢，讓不同部位之間出現強加的虛構連結；好像就是在這種不可能的衝突之中，（一種過渡的感受）和延展性，便得以在黃銅與畫布之上，油然而生。[24]

■本章摘要

速率的七大特點：

- 正常速率：了解重要流程在一般預期中的正常速率為何。
- 速率快慢：在必須起身領導、管理的情況當中，了解速率的最快與最慢可能，並且思考快慢極限值所帶來的影響。
- 歷時：了解既定速率會持續多久，並思考這樣的速率是否可以維持。

- 主客觀感：了解客觀變革速率與主觀變革速率之間的差異。
- 意義：特別留意不同利害關係人對同一速率的不同解讀。
- 數量：找出多重事件與多重變革速率，了解不同速率之間的相互作用。

錯失、誤讀速率所帶來的風險：

- 正常速率風險：我們可能忽略了系統的正常速率，如知道核准流程緩慢，卻沒有預留時間，因此超過期限。
- 方向風險：我們常假設不同速率會以同一方向行進；但事實上，不同速率可能以相反方向行進，也可能彼此之間毫無關聯。比方說，以爲市場需求上升能降低失業率，但如果生產力上升的速度比經濟成長更快，公司不需要擴編人力就能滿足超出的市場需求。
- 快慢風險：環境中的變革速率，可能比想像中的更極端，超出我們所能應付的範圍。舉例來說，在瞬息萬變的科技與通訊業中，即使習慣高速步伐的公司，也常常追得很辛苦。
- 歷時風險：速率若是出乎意料地持續不變或者突然停止，我們常會感到措手不及，如企業主管未能看見連續數季成長率數字皆停滯遲緩的可能性。
- 主客觀感風險：若是忘了不同利害關係人對同一速率可能有不同解讀，也會帶來負面影響。比方說，接獲客訴的公司覺得已經盡速處理，顧客卻覺得好像等了一輩子。
- 數量風險：當不同速率（如變革、發展、進步的速率）互有重疊時，處理起來會是一大挑戰。舉例來說，美軍在伊拉克戰事期間，就發現他們無法及時訓練且動員足夠警力，來塡補海珊政權瓦解後所留下的權力眞空。

找出變革速率，也能夠帶來機會：

●提出問題：記得提出速率相關問題，如市場上若出現通貨膨脹，那麼會慢慢發生，還是會在一夕之間爆發？對自己的事業又會有何影響？

●優化產品與服務：在設計與流程上的創新，請將速率問題列入考慮，如萊德專為品酒時五官感受的緩慢序列設計酒杯。

●解決問題：透過速率管理，可以找到解決問題的方式。比方說，在前述推土機的例子當中，司機降下推土鏟的速度，快過水泥板倒下的速度。

5 時間形狀

「成功的道路，很少是一條直線。」

——湯姆・柏金斯（Tom Perkins）[1]，美國風險投資家

在本章一開始，我想邀請各位和英國雕塑家亨利・摩爾（Henry Moore）一起到海邊散散步。我算過了，這段小旅程在一分鐘之內就可以結束。

有時候，我會連續好幾年都到岸邊同一處散步，但是每一年，我都會被新的石頭形狀所吸引。即使這些石頭早在前一年就在那裡了，而且爲數眾多，我卻還是覺得從未見過。[2]

一位敏銳的雕刻家，必須能把形狀當成單純的形狀去感受，而不是把形狀當成一種敘事或回溯性的指涉。比方說，雕刻家必須將雞蛋視爲一種單純的形狀，把它做爲食物的意義抽離，並且暫不考慮它有朝一日將成爲鳥兒振翅高飛的文學想像。其他形體也一樣——貝殼、堅果、李子、梨子、蝌蚪、蘑菇、山峰、腎臟、胡蘿蔔、樹幹、鳥兒、花蕾、雲雀、瓢蟲、蘆葦、骨頭等，也必須用一樣的方式去感受。能夠做到如此，雕刻家才能進一步領略更複雜的形狀，感受形狀的多重組成。[3]

在這段話中，摩爾所關注的是有形的形狀；在本章，我們要看的則是時間的形狀，也就是描述事件變化與流程變化的各種曲線。許多人常花時間思考具有實質的內容，如顧客需求與新科技所帶來的影響，還有產品與服務是否具有競爭力等問題。但在本章當中，我們要改採藝術家的眼光，和摩爾研究雞蛋時一樣，只看其形、不究其義，暫且將行為與流程的實質內容放下，把重點放在形狀上。

時間其實充滿了各種形狀

將某一流程的時間形狀找出來，是做好時機決策的重要步驟。之所以如此，有許多原因：首先，許多時機決策皆直接涉及形狀，我們常常不加思索，就會在一般法則當中，納入形狀的相關思考。比方說，「逢低買進、逢高賣出」，就是將時間形狀列入考量的一條經驗法則。同樣地，何時該花錢打廣告，也得視銷售情形是每年會有特定旺季與銷售顛峰，還是每月平均分配而定。這兩種情況有很不一樣的廣告策略，但都是依靠時間形狀來做決定或採取行動。

第二，形狀能提供我們重要的時機線索。以週期這個時間形狀為例，假設我們在二〇一〇年預測美軍何時撤離阿富汗，那麼首先要考慮的是美國的國會與總統大選日期，以及在大選週期當中，政治人物何時必須開始為決策護航。此外，還有一種週期也要列入考慮，那就是軍隊每次輪調阿富汗的時間長度，以及軍方對於軍人所要求的輪調次數。這兩者要如何拿捏，才不會造成美軍全球戰力的減弱，是必須思考的問題。

第三，時間形狀提醒了我們時機的重要性。比方說，如果某個物體太快升起，我們就知道它將會墜落，而當泡沫出現時，我們也知道它終有破裂的一天，只是不確定時間而已。換言之，泡沫的形狀，警告了我們必須注意相關時機問題。

時間的世界和空間的世界一樣，充滿了各種形狀，有些形狀能讓我們看見風險，有些則能讓我們看見新的機會。由於看見時間形狀最好的方法，就是把它們畫成曲線，因此我會在本章將「形狀」與「曲線」當做同義詞使用。

時間的六種常見形狀

和其他時間元素一樣，在運用時間形狀來幫助時機決策之前，要先了解如何解讀時間形狀。訓練眼力最好的方式，就是從幾個常見的形狀開始，在此我們主要介紹六大形狀。

- **點**：缺乏形狀，時間軸上的單點。
- **線**：兩點之間的直線距離
  ①單線：如果將流程改變的情形記錄下來，卻發現毫無改變，就代表流程形狀是一直線。
  ②分段：有時我們會將原本連續無間斷的流程，分割成不同區間，如一週可細分為七天。
- **曲線**：隨時間改變方向或斜率的直線。
  ①加速及減速曲線：意指朝同方向改變斜率的曲線，如踩油門或剎車後車速變化的曲線。
  ②張力弧線：呈現彩虹或山丘形狀的曲線。
  ③s形曲線：起步緩慢，達到顛峰後回歸平衡的曲線。
- **週期**：意指事件定期重複的一段區間。就視覺上而言，此曲線多呈起落交替。

- **螺旋**：意指具有彈簧狀、迴旋梯狀、軟木開瓶器形狀的曲線。
- **反轉後並行**：原本不同方向的兩條曲線，在一條反轉後，兩條曲線朝同方向並行前進。

點

雖然點不具有形狀，卻可以是形狀的起點。圖5.1說明我稱爲「點扇圖」的形狀。圖5.1的橫軸爲時間，由左到右。想像在這段時間當中，你必須面對各種岔路。首先，在時間點一做出選擇之後，你來到下一個岔路，也就是時間點二。在時間點二，你同樣得衡量眼前的選項後，再次做出選擇繼續往下走，以此類推。隨著路愈走愈遠，圖形也會發展成扇狀。若是將這樣的流程以數學等式表達，會得到一個具有極大成長速度的指數型函數。由於選擇只有在選項彼此之間有所差異時才有意義，如果要預先往右推斷三到四個時間點後的情況，我們很難想像彼時的世界會是什麼樣子，也很難預知彼時的選項會有哪些。此外，由於其他人也都在做一樣的事，而其他人的選擇又會改變你的選項，因此使得未來更加難以預測。這正是我們很少考慮長遠未來的原因之一：不確定性實在是太高了！但這樣的事實，卻可能導致我們看不見可預期的風險。

假設十五年後，所有在戰後嬰兒潮世代出生的投資人爲了抗通膨，把錢全都拿去投資股票，要是股市大跌，這些人想必會和其他人一起退場，而且不退不行，因爲他們很擔心自己可能活不到股市回升的那一天。但是當投資人大舉退場，股市勢必更加走跌，於是產生惡性循環。我懷疑，這個風險之所以尚未反映在現今股價的原因之一，是因爲找不到適當的時間點，將這項風險納入股票評價，使股價反映風險；也就是說，這個問題沒有時機解決方案。

圖 5.1　點扇圖

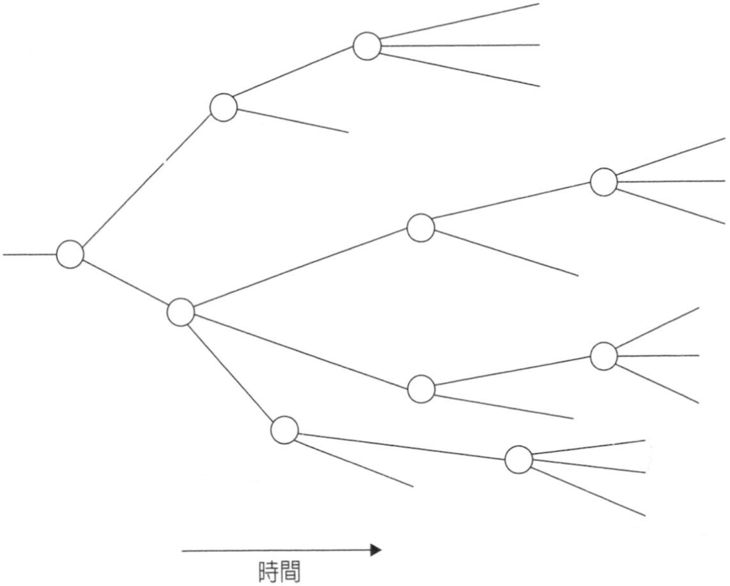

這個例子有一個很重要的實務意涵：不要以爲長遠的未來，眞的會和點扇圖所畫的一樣，比眼前的未來還要難以預料。我們深信未來會受我們的選擇所形塑，因此扇形會不斷擴張；正是這樣的想法，讓我們以爲長遠的未來，比眼前的未來更具不確定性。但事實並不一定如此，我們一定要仔細看，並且牢記「選擇」這個工具，雖然可以拿來控制未來，卻同時會矛盾地讓我們以爲無法預測未來。

線

在此，我想討論兩種直線：單條直線與分段直線。

單條直線

我們喜歡直線，因爲它們看起來「直」白易懂、可以預測，看到什麼就有什麼，沒有任何驚喜、不會脫稿演出，也不會突然急轉彎。但是直挺挺的直線，真的一定好嗎？

許多人試圖降低事件當中的變異性，品管計劃的原理便是如此，當變異程度降低，就能節省成本、提升品質，但這樣的做法有風險。一九八〇年代，技術發展使得人們可以透過一個人的瞳孔大小，來了解他專心或感興趣的程度。如果瞳孔放大，就表示他感興趣；如果瞳孔縮小，就表示他覺得無聊。市場研究員便使用這項技術，測量受試者觀賞節目試播時瞳孔大小的改變，並建議電視公司高層將觀眾沒有興趣的片段全數剪掉。但喬治亞州艾默理大學行銷學教授賈格狄許．薛斯（Jagdish Sheth）指出，如果節目從頭到尾都是高潮，觀眾反而會覺得更無聊。[4]

對於這樣的結果，我們不應感到訝異，畢竟如果心電圖呈一直線，就代表人已經死亡。人類的行為大多需要某種程度的變異性；如果我們將音樂大師的演奏量化，會發現他們的演奏並不總是落在標準拍上。大部分的音樂家會在一、兩個小節裡追回來，如果他們從頭到尾都對準節拍，演出反而會令人覺得乏味。

如果說變異性賦予音樂表演的生命力，缺乏變異性則會令事物變得虛假、做作。麻省理工學院金融學教授安德魯．羅（Andrew Lo）二〇〇五年進行研究，試圖了解是否有某種警訊可以告訴我們，避險基金可能會受到某些危機影響。結果發現，許多「避險基金的投資報酬太過平穩，平穩到幾乎不像真的。」進一步研究之後，他發現，基金如果投資的是非流動性、難估價的資產，如不動產或複雜、難懂的利率交換契約等，所顯示的報酬率都相當平穩。在這些個案當中，羅教授發現基金管理人缺乏測量波動的方式，只能直接假設價格穩定上升。不幸的是，此類投資反而最容易在遇到危機時損失慘重。

圖 5.2 時間的三元架構

過去 | 現在 | 未來

羅教授最後的結論是：「報酬率愈平穩，經濟學家就愈能推論基金投資的標的流動性很低，而且不需要了解投資細節就能辦到。」[5]他發現，只要花時間找出直線背後的眞正意義，直線和曲線一樣都能提供我們許多重要資訊。這樣的原則，也可以用在其他時間形狀上。

分段直線，動態段落

一般而言，我們將時間切割成過去、現在、未來，如上列圖 5.2 所示。我們習慣將過去事件放在左手邊，將未來事件放在右手邊，至少在英語文化圈裡是這樣。這樣的三分法很重要，因爲那些最重要、用來決定行動時機的規則，都是三元架構。我在下頁圖 5.3 列出這樣的三元架構，如果機會窗口開啓、行動可以成功，便以「是」表示；若是機會窗口關閉、不宜行動，則以「否」來表示。

如圖 5.3 所示，時機決策必須考慮一件事情在過去、現在、未來是否可行，或者是否被認爲可行。如果希望進一步了解時機決策的相關情緒，那麼三個時間段落都必須考慮。舉例來說，我們來看第五列（否是否）與第七列（是是否），兩者獲得的結論相當，都是要立即採取行動，但有個地方不同，那就是在第五列中，眼前的機會是首次出現，也是唯一一次出現，無法提早進行，也無法延後行動。但在第七列中，這個機會一直都在，但窗口卻即將關上，以後再也沒機會了。雖然兩者的結論相當，都是要把握當下、及時行動，但卻給人不同的感受，原因就在於三元時

圖 5.3 何時是最佳行動時機？

過去	現在	未來	時機規則或意涵
否	否	否	算了吧！沒有最佳行動時機。
是	是	是	時機並不重要，隨時都可以行動。
是	否	否	抱歉，爲時已晚。
否	否	是	別急，最佳時機即將來到。
否	是	否	就是現在！機會轉瞬即逝。
是	否	是	別擔心，以後還有機會。
是	是	否	快！就是現在，不然就來不及了。
否	是	是	機會終於到來，不過沒關係，事情可以慢慢來。

間因素組成的不同。

曲線

我們要討論三種曲線：加速或減速的曲線、張力弧線，以及常見的S形曲線。

加速或減速的曲線

如果你把組織內部所有相關流程與事件全部畫成圖形，大概幾乎都會是曲線、鮮少直線。在眾多曲線之中，最需要特別注意的一種，就是一開始速度緩慢，但隨後急遽加速或減速的曲線，如指數型曲線。未來學家兼科學家雷．庫茲威爾曾經說過，指數型函數「一開始幾乎毫無進展，卻在突然間呈爆炸性成長。」[6]

指數型函數的例子很多，其中最有名的，也許就是「摩爾定律」（Moore's Law）。「摩爾定律」指的是一塊積體電路上所承載的電晶體數目，每兩年會加倍成長。這樣的成長原則自一九六五年摩爾提出之後，至今仍未失準。其他的例子也不勝枚舉，如在上個世紀末，網路新創企業所獲得的創業投資便呈指數型成長：起先發展的速度緩慢，但隨後便急遽增加。

另一個戲劇化的例子，就是金融投資家喬治・索羅斯（George Soros）對二〇〇八年房貸與信用危機的解釋。當時，信用違約互換市場（credit default swaps, CDS）呈指數型成長，索羅斯是這麼說的（請特別注意第二段）：

> 二〇〇〇年代早期，避險基金大舉進攻市場。許多專門的信用避險基金搖身一變，成爲無牌的保險公司，針對擔保債權憑證（collateralized debt obligations, CDO）與其他受保證券收取保險金。此類保險本身的價值通常令人懷疑，因爲合約可以在不告知當事人的情況下轉讓。就這樣，合約的數目不斷成長，直到其名目總值遠遠超過了其他金融市場。
>
> 當時，所有CDS合約的名目價值，來到了四二・六兆美元。這個數字究竟有多大？相當於全美家戶財富的總和，遠高於美國股市一八・五兆美元與美國國債市場四・五兆美元的市值。[7]

前述種種，都指向一個重要問題：在你的公司裡，是否有人專門監測指數型函數，或是加速曲線與惡性循環等會肇生指數型函數的機制？如果沒有的話，這些時間形狀往往會受到公司忽略，讓你在遇到突如其來的風險時大感驚訝，無法準備好掌握轉瞬即逝的機會。

張力弧線

在多數情況當中，高潮不會出現在事發中點，而會在將近尾聲時出現。[8]舉例來說，小說讀者或電影觀眾，絕對不會希望高潮在劇情走到一半就出現，否則剩下的內容就會像歹戲拖棚。當然，我們也不希望高潮在最後一秒鐘才出現，砰地一聲戛然而止。最好的情況，是高潮在接近尾聲時出現，而不是在最後一刻發生——一切都包含在時機當中。戲劇高潮這種不對稱式的安排，我稱爲「張力弧線」（如圖 5.4 所示）。當流程由某一目標引導時，這樣的形狀時常出現。當我們愈接近目標，張力就愈大，等到達成目標以後，張力才得以宣泄。

張力弧線看似與商業和其他實際用途無關，實情卻非如此。只要我們所管理的流程，涉及了張力的堆疊與宣泄，就會出現張力弧線，如宣布收購計劃或宣布退場的時機曲線，就是一種張力弧線。美國小布希政府於伊拉克戰爭期間所採行的「湧起」策略（the surge strategy），也是張力弧線的一個例子。當時，兵力「湧起」的時間點（增派軍力的時間點）落在戰事後半，這就好像賽跑在終點前做最後衝刺一樣，不只象徵了結尾將近，也因爲軍力湧起本身的資源耗費牽過高，無法持久，所以不結束不行。這樣的策略，也讓主張結束戰事的人可以說出：「能做的我們都做了」。

因此，**當一項計劃、一筆投資、一個活動必須結束的時候，如果希望獲得他人認同，記得善用張力弧線**——當然，若是情況太過緊急，可以直接結束。張力弧線滿足了人類的美感需求，看起來就是比較順眼。只要看到張力弧線形成，就代表事件的尾聲將近，或者有人正試圖爲事件畫下句點。

圖 5.4 張力弧線

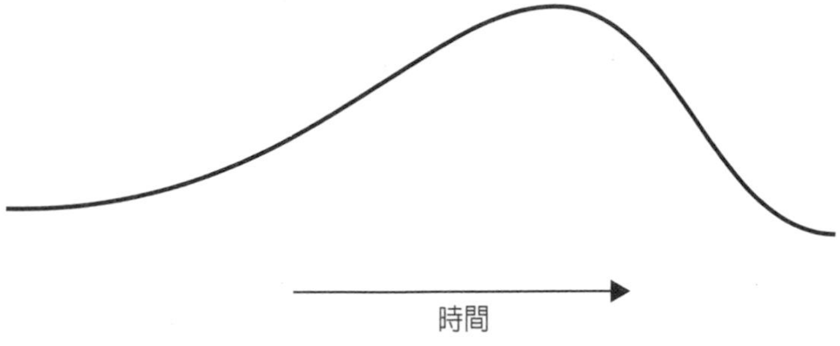

S形曲線

S形曲線是另一個常見的時間形狀，只要環顧四周、看看未來，便不難看見它的存在。舉例來說，科技發展的初始速度常常飛快，接著減緩，再而緩慢爬升至飽和。當然，趨於飽和的過程，可能得花上不少時間。以電視爲例，花了五十個年頭才達成家戶皆有的普及率，而且這已經是「所有媒體當中，自少數早期採用者到全面普及之間，速度最快的了。」[9]若想預見S形曲線的生成，可以先找出肇生S形曲線的機制。以傳眞機的普及速度爲例，在傳眞機甫問世時，只有少數人購買早期機種。大部分人的想法都是，如果別人沒有傳眞機，我買了也沒有用，所以都暫時按兵不動。等到某個時間點，普及率到了一定程度之後，人們才開始購買。

S形曲線有許多特點，它一開始看起來好像什麼事也沒發生，但一旦開始上升，剩下的問題便是「上升速度有多快？」許多學者，如已故社會學家埃弗雷特・羅吉斯（Everett Rogers），也就是提出「早期採用者」（early adopters）概念的學者，就找到了幾個造成曲線加速的因子，如產品較競爭者具有優勢、產品和既有產品的相容性、顧客在購買前是否能試用，以及使用的好處是否立刻顯現等。這幾點對我們雖然很有幫助，但只能做爲一個起點，每項因素都有自己的時間歷程，需要另外探究。

比方說，如果產品能帶來好處，那麼消費者要多久才會發現？是立即發現，還是要等上一陣子？此外，什麼時候產品會被認爲與既有產品相容或不相容？是一開始就會、在試用期之後，還是在其他時候？時機優勢便是在此時展現出來，只要仔細思考產生S形曲線的各種因素，就能創造時機優勢。下次如果有人在報告中提到S形曲線，記得要對方也把造成這條曲線的其他曲線都描繪出來。最後，S形曲線可以拿來追蹤老舊產品的生命歷程，也可以用來預期新產品的生命週期及生命長短。

週期

商業環境中充滿了各種週期，如財務週期（每季必須公布財報）、政治週期（選舉週期）、科技週期（普及週期）、經濟週期等。**每種週期都有不同特質，每種特質對時機決策都相當重要。**

句號

句號標示出完整週期的長度，如兩次經濟衰退之間間隔多久？有些週期相當長，就好像氣候變化一樣，海洋溫度在幾十年之間出現增減循環。有些週期則相當短，數小時到數分鐘都有可能，如二十四小時一次的新聞週期就是一個例子。把你工作上相關的週期列出來，會是一個很有助益的做法。釐清這些週期的長度，了解長度在未來是否可能增減。如果是，其擴張與壓縮的速度有多快？又有多少時間可以先做好準備？關於人類生命週期的長短，美國詩人瑪莉・奧利弗（Mary Oliver）曾經這麼說過：「人的一生，相對於世界的美好與責任的重量，實在是太短了。」[10]

段落與階段

週期中某些段落可能特別重要，如對零售業者來說，耶誕採購季就不容忽略。此外，隨著時間發展，週期中的某些段落，可能會變得比其他部分還要長。我就發現，開始爲聖誕節布置的時間，似乎一年比一年早，如果經濟不景氣時更是如此。記得想想看，哪些週期段落是重點？

社會科學家在一項研究當中，調查病患在接受結腸鏡檢查時所承受的痛苦多寡。[11]結果發現，病患的回答與過程當中痛苦的總量並不那麼有關，而是由整個過程中所承受的最劇烈痛苦，以及最近三次檢查受了多少苦所決定。研究人員將這樣的現象，稱爲「極値與末端」（peak and end pattern）模式——指週期當中最令人印象深刻者，通常是週期內的極端値，或是最後發生的事。

有時候，週期當中可能會出現兩次極端値。專門研究車禍的人員就發現，一天當中有兩次車禍發生的極端値：「凌晨三點時出現一次，另一次則是在下午三點時，但數量只有凌晨的四分之一。」[12]像這樣的研究結果，就是政府決策者與立法人員在評估交通法規與相關指導原則時，可以列入考慮的週期模式。

此外，週期當中的所有階段，都應該要列入考慮。如果有人問美國哪種運動高中受傷的人數最多，大部分人都會猜是美式足球或曲棍球。但根據一九九三年一項歷時十三年完成的研究指出，秋季女子越野賽跑的選手受傷百分比，較當時所有其他運動都要來得高。之所以如此，是因爲秋季女子越野賽跑選手才剛放完暑假，就必須上場比賽。「反觀女子田徑主要是在冬、春兩季進行，選手們因此有足夠時間鍛鍊體能，在研究當中只排名第九，受傷率爲女子越野賽跑的一半。」[13]

我們常會忽略某個段落，或是沒有看到增加週期的必要性。有些機場的跑道成直角排列，通常這樣的設計沒有問題，但是當進場的班機因故必須重新降落，臨時左轉或右轉、繞圈之後再次進場時，可能會太過接近另一班正準備起飛的飛機，因此相當危險。一旦找出週期內的所有階段，請記得問自己：如果某個階段被刪除、延後或重複進行，可能帶來哪些問題？

振幅

振幅指的是，週期從最高點到最低點之間的強度或高度。一個週期是由舒緩的波形組成，還是高低起伏劇烈、陡升陡降？振幅是相當重要的關鍵，如果市場出現劇烈波動，會使得所有計劃派不上用場。二〇〇九年七月，《紐約時報》某日頭條就是〈油價巨幅波動，金融預測失準〉（"Volatile Swings in the Price of Oil Hobble Forecasting"）。二〇〇八年，油價在短短數月內觸頂再觸底，美國西南航空（Southwest Airlines）連續兩季出現虧損，時任財務長蘿拉・萊特（Laura Wright）就說：「油價漲跌的速度，快過我們解除對沖保值（dehedge）的速度。」西南航空向來以簽定長期油料合約的方式，確保公司不受價格震盪影響。[14]

對稱

週期曲線是否對稱？換言之，如果情況出現驟降，接著是否會驟升？高盛銀行（Goldman

Sachs）美國區經濟研究組長比爾‧德德里（Bill Dudley）指出，股市週期爲不對稱週期：「市場上一般認爲，股市暴跌後會暴升，但是這樣的想法，並無任何實證可以證明。」[15]同樣地，金融泡沫也是不對稱週期。一般而言，泡沫產生的初期速率「相當慢。在發展期緩慢加速度，通過考驗點後會進入黃昏期，最後災難性地破裂。」[16]如果泡沫破裂的速度緩慢，那麼威脅就不會那麼大了。

在觀察環境中的各種時間形狀時，不能預先假設會有對稱。問問自己，下列哪種情況比較可能出現：快速上升後緩慢下降的曲線，還是緩慢上升後快速下降的曲線？在機率理論與統計學當中，「偏度」（skewness）的概念便是用來測量不對稱的程度。如果在周遭環境中，看不到具有正偏度或負偏度的時間形狀，那並不代表它們不存在，而是你看不到。**一般人容易以爲所有形狀都是對稱的，這就好像人說要永遠活在平衡的狀態中一樣，是不切實際的想法**。當事情出問題時，我們常會說「不順」，「不順」就是一種不對稱的發展曲線。

平滑度

週期會像雲霄飛車的軌道一樣平滑，還是像鋸齒刀一樣充滿尖銳的起伏？如果是後者，那麼一定要特別注意。美國醫療制度中特有的「健康維護組織」（Health Maintenance Organization, ＨＭＯ）在起初問世時，大家都以爲它巨大的採購能力可以抑制價格，實際上卻沒有。部分原因在於，ＨＭＯ呈現了鋸齒型的時間形狀。當某藥物、檢測、療法剛出現時，價格通常很貴，但隨著使用人數增加，價格會下降。一旦有更新、更好的藥品或療法出現時，人人都會趨之若鶩，結

圖 5.5 鋸齒曲線

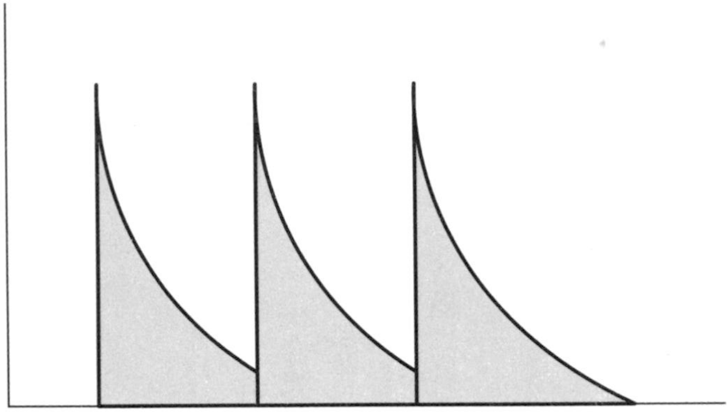

果再度造成價格驟增，呈現如圖5.5的情況。也就是說，不同價格高峰之間的時間不夠長，價格無法有效下降、趨於穩定時，下一個價格高峰就已經出現。

HMO的問題，就在於專家分析價格趨勢時，沒有考慮到有可能會出現鋸齒型的走向。爲什麼呢？其中一個原因就是「定量思考」。我們都知道，價格是由供需的「量」所決定——供給若是增加，價格便隨之上揚；需求若是增加，價格就會走貶。但是如同我們所見，事情並沒有這麼簡單。在時間形狀呈鋸齒狀的情況中，我們其實並不需要確切知道高峰有多高，或者高峰之間的距離有多長，一樣還是能看出這種形狀的重要意涵。我們只需要知道高峰會相當高，彼此的間隔會相當短就行了。這樣就足以讓我們重新思考「購買力能抑制價格」的說法。

數量

在一段時間內，會出現幾個週期？景氣榮衰的週期，是否會一個接著一個？你的事業又受到了幾個週期的影響？如果週期數量增加，會發生什麼事？比方說，美軍人員輪調伊拉克的次數若是增加，就會造成疲勞及其他健康問題。

可預測性

前述所提及的各項形狀特質，有些是可以預測的，如輪調伊拉克的時間長度，或是美國參議員的任期等。但是其他週期長度，如商業週期等，則比較難以預測。如果週期的開始與結束可以預期，那麼可就熱鬧了。二〇〇八年，美國佛羅里達與密西根兩州都提前舉辦初選。的確，如果搶得先機能夠帶來優勢，那麼大家採取行動的時機，可能都會比你預料中的還要早。

週期連結

前一個週期，能不能幫助我們為下一個週期做好準備？比方說，高通膨的情況，是否可以讓我們爲下一次價格驟升時做好準備？二〇〇八年夏季，世界貿易組織杜哈回合貿易談判之所以破局，就是因爲沒有考慮到週期之間的連結。此次回合之所以失敗，主要其實是因爲前幾回合的成功。一九九四年的烏拉圭回合之後，所有國家皆可將農場配額轉換成一般關稅，由於擔憂農產品進口會大舉增加，當時決議各國可以短期實行保障徵稅，以保護國內的農產品。沒想到，當初暫時性的解套方案，後來卻成了問題的來源。杜哈回合失敗的部分原因，就在於各國談判代表，無法在保障措施的改革上取得共識。[17]

談判破局的另一個原因，在於開發中國家認爲前幾回合的談判，皆讓已開發國家占盡上風，因此希望能在杜哈回合上重新取得平衡。由此可見，談判代表必須思考前次週期（前次談判），對下一週期所產生的影響。**商業上的情形也是如此，一定要記得思考週期之間的關係。**一個年度

的高業績表現，也許會讓人們對下一年度的表現抱持著不切實際的期望。或是，一個年度當中如果因爲市場萎縮而裁撤人力，下一年要是市場狀況良好，公司將無法因應。

影響力

與週期相關的行動形狀，也會受到週期的影響。比方說，哪些行動會在會計年初及年末時發生？一八九一年出版的小說《人生之路》（*Main-Traveled Roads*），有段文字便闡述週期影響行爲的強大力量。這段文字描述的是一位女孩每週日等著男友造訪，以雇用女孩的女雇主觀點寫成。

「熱戀中的女孩，整週都做不了事。週日的時候，只會看著路的遠方，想著他怎麼還沒來？等到下午他一來，連腦筋也動不了。到了週一，想睡覺，整天昏昏沉沉。週二和週三也一樣，什麼事都做不了。週四則是整個人出了神，開始期待起週日，整天鬱鬱寡歡，碗也不洗。到了週五，碗都給打破了，只待在客廳看著外頭，一把眼淚一把鼻涕。等到週六一到，整個人就像著了魔一樣，不知道哪來的幹勁，還在頭髮上下足了功夫。到了週日，一切就這麼又重頭來過。」[18]

我們在思考週期的時候，想的是重複發生的事情，一種反覆上升或下降的流程，如商業週期等。但如同前面引文所示，週期不只是重複性的事件發生，其實還要更加複雜。因此，如果發現了一個週期，記得要問兩個問題。第一，週期受到哪些外部流程或時程的控制、管理或影響？第二，外部流程或時程若是改變，對週期會產生什麼影響？比方說，如果會計週期縮短爲半年，或者延長爲一年半，會有什麼不一樣的影響？會帶來哪些額外成本或好處？如果可能的話，這些好處又能不能在不改變會計週期長度的情況下達成？

惡性循環

惡性循環意指問題或問題的解決方式，將進一步導致新的問題，使得原先問題加劇，導致循環重新開始。比方說，如果公司需要出售某一可觀的投資部位，這筆交易可能導致價格下降，使得公司必須出售更多部位，而這又會進一步使得價格走跌，形成惡性循環。另一個例子則是美國房市泡沫時期，房價大漲的問題。高房價及高交易量使得建商大興土木，導致房市供過於求，拉低了房價。在房價下跌後，許多房屋持有人突然間陷入了房貸負債超過房屋價值的情形。隨著愈來愈多房屋遭到聲請拍賣，銀行也愈來愈不願意提供買屋者融資，更加惡化供過於求的問題。最後，導致價格跌得更深，遭到拍賣的房子更多。[19]

在許多嚴重的危機事件當中，都有多重惡性循環在作祟。事實上，惡性循環正是危機發生的原因之一。組織必須隨時追蹤可能出現的惡性循環，找出其肇因、歷時以及解決策略。所有的策略規劃，都應該要考慮到這個環節。

螺旋

在字典上的解釋，螺旋是繞圓柱體或圓錐體表面的三維度曲線，但如果我們去問知道螺旋是什麼的人，他們多半會伸出食指、在空中旋轉，畫出像是軟木開瓶器一樣的形狀（見圖5.6）。

圖 5.6 螺旋

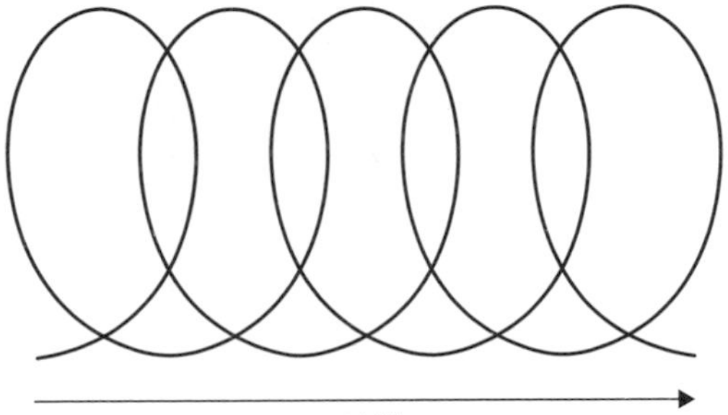

談論時機問題，有兩個原因使得螺旋這個時間形狀非常重要。首先，這個形狀能幫我們避免一個反饋相關問題：我們經常忘記時間悄悄流逝。軟木開瓶器的形狀，提醒我們反饋常常不是在我們要求的時候出現，而是在未來的某個時間點現身。主管們因此要注意反饋出現以前，這段時間內的各種改變，如一開始要求反饋的人，是否還會在公司任職？獲得反饋的時候，接收者所處的位置，又是否可以讓他了解並善用反饋內容？還有，反饋所提供的資訊，是否具有相關性？意見調查、深度訪談及其他不同反饋機制所費不貲，因此在主動要求反饋之前，要先確定前述問題都能回答。

螺旋這個時間形狀，之所以很重要的第二個原因，和計劃有關。我在第二章已經提過，人們喜歡畫句點。在忙碌的世界當中，主管總是希望一次解決問題。但是，有些問題是永遠、也無法解決的，就是會不斷出現，一再困擾著我們，形成螺旋形狀。重點是要把這種問題找出來，這樣當問題重新浮現的時候，我們才能做好準備。

像兩難的情況，就是這種問題的最佳例子。所謂兩難的情況，其實具備了三個特色。第一，眼前的選項水火不容、無法

圖 5.7 反轉後並行

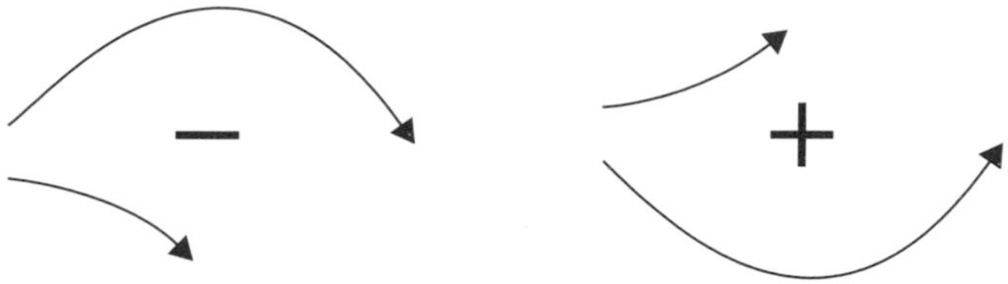

共存，必須擇其一。第二，兩個選項個別來看皆不可或缺，對你或你的組織都相當重要，因此無法取捨。第三，兩個選項皆不可稀釋，也就是說不能只做一半，或是調整下手力道。如果眼前的情況具備了這三個特色，便是面臨所謂的兩難。在這種時候，未被選中的選項不會消失，只會被暫時壓抑在一旁，等到過了一段時間後，一定會重新浮上檯面。因此，我們在兩難中做出抉擇之後，一定要記得問自己兩個時間相關問題：㈠問題何時會再次出現？㈡當問題再次出現時，有哪些可能存在的因素，會讓問題處理起來更棘手？

反轉後並行

到目前爲止，我們所討論的，都是單曲線與單線形狀。爲了和下一章做個連結，在此要介紹一個我稱爲「反轉後並行」(tandemizing shapes) 的時間形狀。這是指具有兩個階段的不同曲線，起初兩條曲線行進的方向相反，但其中一條會在中途改變方向，使得兩條曲線最終以並行方式前進。「反轉後並行」的曲線，可以分爲負向與正向，負向是一起向下走，正向則是轉爲一起朝上升，如圖 5.7 所示。

許多風險管理策略，都假設了第一階段的情況，也就是兩件事情朝不同方向發展，如股市和債市。然而，當危機發生的時候，股市和債市卻可能同時下跌，也就是反轉後並行的情況。原本具有負相關的兩個形狀，可能演變到後來具有正相關，而這樣的轉變可能會不巧地發生在不當的時間點，如當事情呈現負相關有助於管理風險時，卻演變爲正相關。

一般而言，我們喜歡能打破週期的策略，如相互抵消的速率或互爲正反的形狀，因爲這些策略能讓過程更平順，也能剔除變異性。但是沒有人能完全消除改變，所以如果風險管理策略所依賴的是兩個方向相反的形狀，那麼就要找出它們是否有反轉後並行的可能性。如果沒有預料到並行的可能性，那麼策略所能提供的保護，很可能不及於我們的需求。

時間形狀的風險與機會

多數時間形狀相關風險之所以產生，在於我們常常看不見時間形狀及其影響。《佛羅里達今日報》（*Florida Today*）曾有一篇文章寫道：「巴西航空工業公司（Embraer）客機系列的成功，應歸功於他們『在恰當的時候，推出大小恰當的飛機。』」[20]這篇文章雖然指出這家公司的時機管理良好，卻沒有探討時間形狀。比方說，客機的需求曲線，會以多陡的斜率攀升？又或者，當前生產的客機大小的確相當適合市場，但是情況可以維持多久？當情況改變之後，需求又會以多快的速度下滑？我在前言中提過，我們敘述這個世界的方式，往往缺乏許多時間要素，非常「時間貧乏」。但除了敘述世界的方式之外，我們常在解釋情況的時候，忽略了重要的時間特點，如時間形狀。

當然，本章開頭所提過的英國雕塑家摩爾，絕對不會爲此感到詫異，反而會欣然接受任務的困難度。摩爾所需要的形狀，在他的身邊皆唾手可得，所以他大可以好整以暇，慢慢地把一個形狀找出來，然後好好研究。但是，我們在工作上所需要的各種形狀，可就不是這麼回事了！這些形狀並不會在第一時間就出現，我們要有記憶力與想像力，才能清楚看見它們。但人的記憶力與想像力，並不總是可靠；因此，避免錯失形狀最好的防護措施，就是對各種時間形狀多加涉獵，以便累積經驗。爲了達到這個目標，我建議讀者以我在本章所列出的形狀清單爲基礎，時時更新、常常添加。如此一來，便能做好準備，找出工作上的關鍵時間形狀。

只要知道某一特定時間形狀的存在，就能根據這些知識做出更好的決策，讓流程變得更好、預測更準。想想看，我們人體有生理時鐘——「生理節律」（circadian rhythm），人體睡眠與清醒的節奏，與日升日落的二十四小時週期同步。醫師艾碧嘉．祖格（Abigail Zuger）曾在《紐約時報》上撰文寫道，也許有一天，醫療界也可以開始思考「疾病的生理節律」對醫療照護的影響。比方說，「氣喘檢驗應該要在半夜執行，結果才會最準確。對心臟病患而言，冠狀動脈內若出現阻塞情形，通常會在下午時分消散，因爲下午是人體栓塞機制最弱的時候。」[21]

另一個利用時間形狀，來降低風險、創造機會的方式，就是提出精確的問題。以金融泡沫爲例，大家一般提出的問題都差不多：市場泡沫是否正在成形？如果是的話，什麼時候會破裂？通常問到這裡，討論就結束了。但我們不應該這麼做，而是應該試著找出當中的時間形狀和其他時間特點，如速率、區間、序列等。如果泡沫的確存在，那麼泡沫會突然破裂，還是會慢慢消退？如果是慢慢消退，那得花上多久時間？除此之外，泡沫背後的機制也很重要，因爲可能會有惡性循環存在其中。舉例來說，如果社區內許多房子都遭到強制拍賣，那麼自家的房價也一定會下跌，然後會造成鄰居的房價跌得更低，接著再進一步造成自家房價下跌，如此不斷惡性循環。

畫出相關曲線，有助釐清思緒

我們通常很重視資訊的透明度與準確性，但如果所有人都在同一時間，看到同一形狀並得到相同解讀，那麼所謂的「羊群行為」(herd behavior)便可能會出現。比方說，市場上若是出現泡沫，很可能會造成集體恐慌、大舉退場的羊群行為，最後導致泡沫破裂。因此，一定要記得提出問題、找出資訊曲線的形狀，了解何時公開特定事實，何時會使得市場上投資人開始有所動作？最後，也要記得問自己，泡沫破裂之前，可以接獲什麼樣程度的預警。

把這些問題的答案找出來，甚至只要提出這些問題，就能讓我們做好準備，因應危機。尤其如果對所屬產業過去的泡沫事件已有相當研究，也已經找出相關問題的答案，那麼更能從歷史紀錄中獲得偌大幫助。請記得，所有資訊皆可能相當重要。比方說，如果經濟開始復甦、通膨抬頭，我們知道聯準會可能不會那麼快升息，因爲怕扼殺了復甦動能。因此，在這裡的兩條時間曲線都要畫出來：通貨膨脹的爬升速率與聯準會反應的延後，不然就會錯失延後升息的重要資訊。

有句話講得非常眞切：**先找出模式，再講求精確**。如果你發現自己畫出來的曲線相當陌生，卻又至關重要，那麼也許可以考慮幫它取個名字。比方說，「反轉後並行」與「鋸齒曲線」就是我取的名字，這麼做可以幫助記憶。

最後，**別忘了每個人都有思考偏誤**。我們許多人都相當享受關鍵時刻來臨時，那種腎上腺素飆升、大權在握的感受。當情況對我們不利，我們會希望快點將事情做個了結。但是隨著時間過去，我們也逐漸發現必須同時注重具有時間長度的時間形狀。比方說，「愈來愈多醫師與病患，開始將癌症視為一種慢性病，需要的是長期治療，而不是追求根治。」[22]這是一個相當重大的觀念轉變，影響到許多病患接受治療的方式。一般而言，我們希望眼前的都是又直又短的直線；當曲線出現時，我們也希望它是對稱、平滑、無間隙、中斷與尖邊的。正因如此，我們常常無法及時發現如鋸齒這類的時間形狀，也無法了解其背後的意涵。

當事情朝向正面發展時，我們希望它能持續，如房價如果可以漲不停最好。當我們無法準確回答眼前問題時，如無法確定泡沫在何時破裂，我們常會直接跳到下一件事，忘了追問其他在前述提及的問題。保護自身事業的最好方式，就是將所有可能出現的時間形狀列出來，並且一一檢視，同時不忘思考自己的思考偏誤。比方說，如果預期銷售大增，就要特別注意大起大落再大起大落的可能性。又或者，如果以為計劃即將結束，那麼就要小心有些部分可能還不會停止，甚至可能會在私下進行，就像火堆的餘燼一樣，許久燒不盡。

由於篇幅有限，仍有許多的時間形狀，我在本章尚無法全部介紹，有些也只是簡略帶過。有些時間形狀，如泡沫與懸崖（數字驟降或情況丕變），由於會引發恐懼與焦慮，最常受到公眾討論。我稍稍計算過，雕塑家摩爾一共提及了十七種不同形狀，諸如蛋殼、堅果、李子等。但我想，時間形狀的數量與多樣性，一定不亞於實體形狀，只要去找一定找得到。

圖 5.8 小說《項狄傳》中的敘事曲線

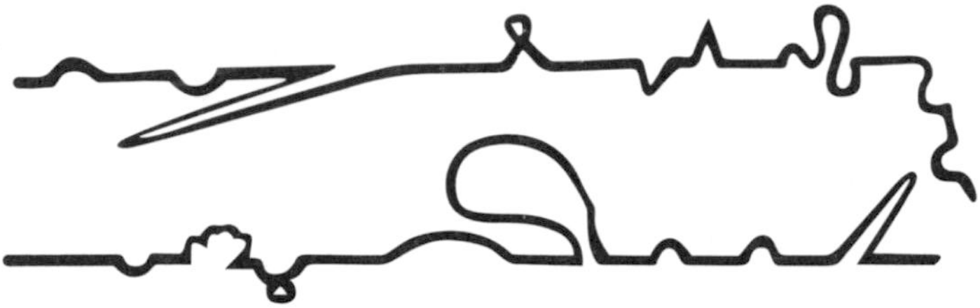

時機思考題

我們在本章所討論的，皆是容易視覺化的形狀，如點、線與週期等。但誠如前段所提，形狀有很多種。十八世紀英國小說家羅倫斯・斯特恩(Laurence Sterne)，曾以一種特別的形狀來呈現其小說《項狄傳》（*Tristram Shandy*）的敘事架構，小說敘事的時間軸跳躍發展，我常用這件事來提醒自己，要不斷尋找各種連名字都還沒有的時間形狀（見圖5.8）。根據諾頓文選珍藏版（Norton Critical Edition）編輯霍華・安德森（Howard Anderson）所言，《項狄傳》的目的之一，便是要彰顯「各種傳統觀念如何桎梏了我們的心靈與想像。」[23]本書的目的，其實並無不同。

■本章摘要

時間形狀種類繁多：

- 點：缺乏形狀的狀態，時間軸上的單點。
- 線：兩點之間的直接距離。如果將一項流程的歷時改變記錄下來，卻發現毫無改變，那就代表流程的形狀是一直線。

●曲線：表示「變化」的形狀，如：

①加速及減速曲線：朝同一方向改變斜率的曲線，如踩油門或剎車後車速變化的曲線。

②張力弧線：呈彩虹或山丘形狀的曲線。

③S形曲線：起步緩慢，達到顛峰後回歸平衡的曲線。

●週期：定期重複的流程。就視覺上而言，多爲起落交替的曲線。

●螺旋：有如彈簧狀、迴旋梯狀或軟木開瓶器形狀的曲線。

●反轉後並行：原本方向不同的兩條曲線，其中一條在反轉過後，兩條曲線朝同一方向並行前進。

時間形狀的相關機會與風險：

●我們喜歡簡單的形狀，直線最好又直又短，曲線則最好是對稱、平滑、沒有間隙、中斷與尖邊的。正因如此，我們時常無法及時發現如鋸齒這類不符合前述條件的時間形狀。

●如果事情往正面發展，我們就希望情況能持續不變，如房價漲不停最好。

●想要看見時間形狀，請先將工作上重要的時間形狀畫出來。

●若是你知道某一特定形狀的存在，可以運用這些知識，幫助自己做出更佳決策、制定更好流程、提出更精準的預測。

●請記得，要不斷提出更多問題：泡沫正在成形嗎？如果是，那它何時會破？當我們無法準確回答眼前問題時，時常會直接跳到下一件事，忘了追問其他問題，如泡沫會突然破裂或慢慢消退？若是慢慢消退，得花上多久時間？

●找到這些問題的答案，甚至只要提出這些問題，就能幫助我們做好準備因應危機。

●保護自身事業最好的方式，就是將各種可能出現的時間形狀一一列出、一一檢視，同時不忘自己的思考偏誤。比方說，如果預期銷售大增，就要特別注意大起大落的可能性。又或者，如果你以爲計劃即將結束，那麼就要小心有些部分可能還不會停止。

6 時間的複音

「我們不能再依靠按時序展開的故事線，不能再依賴向前直行、不斷積累的歷史，因爲有太多事情不斷在每一分、每一秒發生，有太多事情不斷與故事線垂直交錯。」

——約翰・伯格（John Berger），《觀看的方式》作者

複音音樂，指的是一種多重旋律同時進行的編曲形式，這些旋律彼此和諧，卻仍保有各自的獨特性。在前面五章中，我們檢視的都是水平展開的單線時間模式，就像單一旋律一樣，有自己的序列、發展與改變速率、形狀、起終點等特點。在本章，我們透過複音所要討論的，便是擴展視野的可能性。對多數企業主管而言，**每刻都有許多事情正在發生，如果要有效掌握時機，就一定得先釐清不同行爲與事件間的交互作用**。

當多項行動與行爲同時進行時，它們之間的交互關係主要有兩種，第一種是結構性的，討論的是兩共時事件彼此平行或重疊的情況。第二種關係，則是它們對彼此的影響力，也就是兩共時事件之間，互相掩蓋、競爭、取代、強化的情形。我在前言中提過，人們無法在複音結構中找出內在模式，這種現象稱爲「科普蘭的限制」。這個名稱的由來，是因爲有一位叫做科普蘭的古典

樂作曲家告訴我們，當人們在聽音樂的時候，如果同時出現超過四種旋律，人耳將很難分辨。科普蘭在描述複音及其造成的聆聽障礙時，是這麼說的：

> 聆聽複音音樂，聽眾需要更專心，因爲各旋律是分開、獨立的。能夠賞析複音音樂者，代表能同時聽見不同聲音所唱出的旋律，不是只聽見所有聲音的總和。
>
> 複音音樂所衍生的問題，是人耳究竟能同時聽見幾種聲音？在這方面，各方看法不同。我認爲保守來說，只要聽音樂聽上一段時日，一般人不用太費心力，就能同時聆聽兩到三種複音旋律。但若是同時出現四、五、六，甚至八種獨立旋律時，問題就來了。[2]

在許多同時進行的行動當中，找出模式是一項很大的挑戰。這雖然不是我們慣於處理的任務，卻是我們在二十一世紀必須面對的一大課題。英國魯伯特．史密斯將軍（Rupert Smith）曾在現代戰爭的脈絡之下，探討這樣的新局面：

> 工業時代的戰爭，是以「和平—危機—戰爭—決議」的序列循環進行。反之，現代戰爭的典範已經轉移，演變爲對抗與衝突來回交錯。現在，已經沒有所謂的戰爭與和平。戰爭沒有預定的序列，和平也不見得是戰事的起點或終點，在衝突解決以後，對抗的情形仍可能存在。[3]

不幸的是，我們還沒準備好面對這樣的世界。無論是說話或書寫，我們一定是一個字、一個字地來。當我們在描述一段事情的時候，提及「同時間」這類詞彙的頻率不能太多，否則只會招致閱聽者的白眼。即便是在做理性思考時，我們也會要求結論與前述論點在邏輯上不能相悖。簡單地說，**我們是順時的動物，但住在充滿平行事件的世界裡**。套用棒球術語，我們不斷以爲自己被看似來自「左外野」的事件突襲，但其實是我們搞錯方位，事件其實是從「上面」來。同時間有許多事情發生，我們卻無法全部顧及。

讀者投書：三十四個月還離不了婚

要找出所有影響時機決策的共時流程，我們必須先把眼前待處理的狀況，分成不同軌道一一檢視。在這裡舉個多項因緣交錯的例子，一九九六年《紐約時報》專欄有位女性讀者投書，敘述她試圖離婚的故事。該篇文章的標題爲〈三十四個月了還離不了婚〉（"34 Months and Still No Divorce"），[4]爲什麼拖這麼久呢？

在這位女讀者的離婚法律程序進行過程當中，有許多事情幾乎在同一時間發生，如「三位法官被派往最高法院其他部門，改由其他三位沒有離婚訴訟相關經驗的法官來頂替。」而女讀者的丈夫在開庭當天並未出席，導致程序必須改期進行。沒想到，在第二次開庭的時候，丈夫的律師有另一場官司要打，只好再次改期。後來，其中一位律師的健康出狀況，法官也發現有另一項案件要審理，只好又再次更改開庭日期。最後，最高法院的文書人員甚至還打電話給這位女讀者，告訴她案件的相關文件不見了！[5]

也許此時此刻，這位女讀者應該已經過著快樂的離婚生活。但她當初離婚所花的時間，的確遠遠超出預期。**要找出程序變得如此冗長的原因，其中一個方法就是把所有在同時間發生的平行事件與流程全部列出來**，就像樂譜會將不同樂器同時演奏的不同旋律逐行列出般。樂譜具有縱橫向的音樂意義，各位可翻回前言參考貝多芬樂譜。在女讀者離婚的例子當中，橫軸發展是法律系統的順時特性：先雇用律師、申請合法分居，再與法官會面等。在離婚的過程當中，有些步驟必須以一定的順序進行。要是這位女讀者有機會讀過本書前幾章的話，她一定會知道如果事件必須按一定順序進行，所花的時間很可能會超出預期。她也會知道，如果心裡急著要爲某件事畫上句點（離婚就是一種句點），任何耽擱皆會造成巨大的痛苦，尤其是將近尾聲時的延誤，更是難以忍受。

事實上，我們一共可以梳理出十一條不同的平行軌道，代表女讀者離婚事件中的各個角色與干擾因素。

1. 丈夫
2. 妻子
3. 女方律師
4. 男方律師一
5. 男方律師二
6. 律師一負責的其他案件
7. 律師二負責的其他案件
8. 法官一

9. 法官二
10. 法官一審理的其他案件
11. 法官二審理的其他案件

如果要加入更多細節的話，我們可以增加幾條軌道，代表律師與法官所涉入的其他案件，如第十、十一項。我把所有軌道總和的數量，稱爲C值（Copland爲「科普蘭」原文）。在這個例子當中，C值是十一，高於科普蘭限制（C＝4）不少。然而，這樣的情況並不少見，大多時候事件的縱深可能更深。但其實單是C值高的話，問題也還不大，若是所有人的行動必須一致的話，那可就麻煩了！像是開庭沒有出席，法律程序就沒有辦法進展。我將這個狀況稱爲「共時要求」（synchronous requirement），也就是某些事情必須同時發生，事件才能順利進展。

這位投書女讀者之所以無法如期離婚，原因有三個。一、C值太高，同時間有太多事件平行發展；二、序列約束，即離婚需要很多步驟，有些不能任意刪除或更動。三、共時要求，特定行動必須同時進行。離婚的流程與步驟，擁有明確的時間句逗，如開庭或開會的時間是固定在某一天的。當較高的C值碰上序列約束與共時要求，延誤的可能性便大幅增加。不過，這不代表延誤一定會發生，只是表示可能性很高。的確，我們無法預料律師是否會生病，也無法事先得知法官會被重新委任。但我們可以知道，只要高C值碰上嚴格序列約束與共時要求，流程便很可能發生延誤。此外，流程延誤得愈久，愈有可能出現隨機事件，導致流程進一步延誤。

這個故事給我們的教訓，就是一定要注意每時每刻正在發生的所有平行流程。只要我們願意用心去看，就能打開原本封閉的視野。在此，我想引用美國黑人桂冠詩人麗塔・達夫（Rita

Dove）的詩句，來提醒我們跳脫平常方式看事物的重要性。

取消下午
晚上早上和所有
未來的日子也都取消
直到火
燒成灰燼
霧氣散去
然後我們看見
我們眞正
站立的
位置。6

最後，我想特別解釋一下複音與多工的不同。多工的項目都已經清楚定義完畢，問題只在於我們無法同時進行所有作業。但複音結構的挑戰卻不同，複音結構當中的所有軌道，並不全都容易看見，也並不容易想像，我們必須主動把它們找出來，了解不同軌道之間的交互作用。**面對複音結構時的最大挑戰，不是如何在已知事物間分配力氣，而在於必須去尋找未知。**這和之前提過要尋找「隱藏」區間和「隱藏」速率，是一樣的道理。

看懂複音結構

戴上複音透鏡，可以告訴你要朝哪裡看，並且告訴你要找什麼。

1. **直著看：**找出所有對工作與事業可能產生影響的共時事件。
2. **找結構：**注意共時事件、活動與流程的排列方式，看看哪個走在前頭、哪個落在後頭，哪些流程相互重疊等。

3. **找影響**：了解單一事件如何影響其他共時事件，探討事件之間的因果關係。

直著看　哪些事情同時發生？

花點時間，找出工作或生活上某個與時機問題密切相關的情況。一個情況裡究竟會有幾條軌道，這個答案並不一定。但即使每個情況都不一樣，有幾條通則有助於順利找到所有軌道。一般而言，軌道可以分成「明顯可見」的，以及被「遺忘」的、被「隱藏」的等比較不容易看見的軌道兩大種類。首先，我們從第一類軌道談起。

找出所有可見的移動元素與面向

首先，你要找出與眼前情況有關的公司與部門，如研發部、製造部或行銷部等，再進一步檢視，並試著爲這些移動元素繪製個別軌道。記得考慮所有面向，如經濟軌道（商業的循環）、財務軌道（市場的榮衰）、管理軌道（工作團隊的改變）、技術軌道（發明與科技運用）、政治軌道（政治思想的轉變）、法律軌道（法規的變革）與社會文化軌道（社會運動的興衰、價値觀的改變）。

另外，別忘了考慮各種脈絡因素，如各利害關係人有自己的軌道，不同行動與反應也有各自的軌道。這樣思考整體脈絡：世界好像是以個人爲中心往外擴散出去的同心圓，個人之外有團體、公司或組織，再來是產業，然後是國家，最終是全球，也就是國際上所發生的事物。記得同心圓的每一圈，都有各自的軌道。

理解這個概念，把你自己所處情境當中，所有的移動元素都找出來。有個方法很管用，那就是只要是「名詞」，就給它一條軌道。也就是說，只要一項事物有自己的發展序列、有自己獨特的改變速率與句逗節奏等，就要給它一條軌道，因爲它們皆有可能影響你眼前的情況。

找出所有隱藏與不見的軌道

這個部分比前面稍微複雜些。我們之所以看不見與工作和事業相關的流程，是因爲我們描述這個世界的方式太過「扁平」。爲了增加垂直深度，我們必須以新的方法來描述世界。讓我們先來思考下列這句話：「A公司決定製造、行銷一項產品。」這句話的事件軸只有一條，也就是先A再B——先製造，再行銷。

但是，你也可以用複音結構來描述同樣的事件，只要把它們看成平行事件，給每項元素一條獨立的軌道或時間軸即可。以前述的例子來說，就是給A公司一條軌道，給製造流程一條軌道，再各給產品和市場一條軌道。我們知道，公司的經營權可能易手、新科技可能改變產品的生產方式、行銷策略可能有所轉變，而產品市場也是如此。

摒棄線性安排，改採並列結構，能夠突顯時間與時機問題。比方說，現在的時機是否適合行銷某產品？產品行銷策略能否快速改變？只用「A公司決定製造、行銷某產品」這種線性思維來描述事件，是沒有辦法看出這些問題的。世界太過複雜、不斷變動，我們習慣去簡化它、穩定它，而這樣的行爲時常是無意識的，也因爲如此，如果我們沒有特別去注意並設法克服，很可能就會看不見嚴重影響事業的環境變化。

還記得史密斯將軍是怎麼形容現代戰爭內涵的轉變嗎？關鍵字就是「來回交錯」。這個詞暗示了我們，眼前的情況存在某種平行結構，必須全盤理解才行。如果我們不懂得以複音結構來思考問題，很容易就會感到混亂與挫折。舉個時間句逗的例子：戰爭什麼時候會結束？暴力何時會再迸發？在單一事件的世界裡，這兩個問題不難回答，但在複音結構的世界當中，答案卻變得複雜許多，而且在找不到單一答案之餘，一個問題可能還會衍生出更多問題，如哪些流程必須同時進行？執行時又會出現哪些交互作用？接下來，我們來了解一下哪些是比較不容易看見的軌道。

六種不易見的軌道

● **被遺忘的軌道**。有幾種類型的軌道，我們特別容易忘記。這裡舉兩種被遺忘的軌道——改變速率太慢或太快，導致它們難以預期、難被看見。

①白蟻軌道。這是指在流程當中，最慢流程的最小速率太過緩慢，導致我們完全無法察覺事情有所進展。比方說，許多人時常腰痠背痛，這其實是因爲人類的平均身高不斷上升，但桌子高度卻不斷下降。根據丹麥芬森醫療機構（Finsen Institute）首席外科醫師 A. C. 曼德（A. C. Mandal）指出，過去五十年來，兩性平均身高成長了四吋（約十公分）之多，但桌子高度卻下降了八吋（約二十公分）。曼德醫師表示：「這導致許多人坐姿不良，也很可能就是腰背痠痛愈來愈常見的原因。」[7]

白蟻軌道顧名思義，速度相當緩慢，但最終卻會瓦解整個系統。一般而言，公司與組織文化的改變速率很慢，主要隨著人員流動，緩慢而逐步地進行。但是，當組織文化的改變程度越過了引爆點，便會對商業產生影響。不過，因爲這類改變的速率實在太過緩慢，導致我們容易錯失警訊。這種情況，就好像飛機的自動導航在改變飛機航向時，會以非常緩慢的速度進行，慢到飛行員完全沒有察覺。8

②高速系統。我在第四章討論了最快流程的最大速度；高速流程有時是自然界的現象，如森林大火等，但也可能是連鎖反應所致，如大衆恐慌所造成的銀行擠兌現象。在第四章中，我也提過符號系統的速度通常都很快。當符號系統成爲現實中重要的一環時，一定要做好準備面對極快速度。舉例來說，資金在全球流動的速度非常之快，這就是金融體系爲符號建構所致，金融體系中充滿了電腦演算法與程式碼。在現實世界中，許多事物發生的速度太快，導致我們看不見這些事物。這些在眨眼間即可發生的極快流程，我們一定要記得把它們化爲軌道、納入複音結構。

●**替代軌道**。替代軌道所承載的行爲與事件，通常是用來做爲其他軌道的替代方案。還記得前述那位投書《紐約時報》專欄，表示自己離不了婚的女讀者嗎？整起事件之所以拖這麼久，原因之一在於律師有其他案件必須處理。也就是說，他們之所以不能進行 A，是因爲他們有 B 要照顧。所以，如果你想知道重新裝潢廚房究竟得花多少時間，一定要記得問承包商手上同時有幾件案件，或是未來如果其他客戶上門，他們最多可以同時處理幾件案件。這兩個問題有了答案，你才可以比較清楚廚房到底何時能整修完成。

假設一間公司的市場正逐漸萎縮，那麼這間公司該在何時結束營業、退出市場呢？如果沒有事先找到其他替代方案，如利潤更高的商業機會，多數企業會因爲已經投入太多成本，因此希望可以等到情況出現轉圜。爲了確保企業能及時退場，就要事先準備好替代方案，而**找到替代方案**

最好的辦法，就是分別替每種可能的方案繪製軌道；如此一來，我們才能有效追蹤每個備案。

此外，討論供給與需求時，也應該將替代軌道納入其中。一般的看法認爲，如果產品價格下降，消費者需求會增加；當價格上揚，需求則會減少。但情況卻不一定總是如此，有時價格下降會讓消費者自覺手頭闊綽，轉而購買他們原本不會買的產品，而不是增加原有產品的購買量。這種額外購買的其他產品，就是經濟學家口中的「吉芬商品」（Giffen goods），吉芬是首位發現這個現象的維多利亞時期英國統計學家。[9]因此，我們一定要記得問自己：當價格下跌時，顧客的需求是否可能改變，促使他們追求另一種產品與體驗？

● **詮釋軌道**。要掌握行動時機，就要先了解情況是怎麼被解讀的。如果某國家開始移動國內的生化武器，是否就代表他們正準備使用這些武器？如果是的話，那麼其他國家是否需要立即採取行動？時機掌握的好壞，有時取決於人們解讀事件的方式，爲了確保自己不忘這點，一定要替每種詮釋方式各別繪製軌道。

一九九三年，在一場對抗保守派專欄作家所發起的抗議活動中，美國賓州大學校警採取行動，阻止黑人學生奪取學生報紙。後來，一份關於該事件的報告指出：「校警當時並未了解到，抗議學生『回收』刊物的做法雖然違反校方政策，但其初衷『並不是爲了犯罪而犯罪，而是一種表達抗議的形式。』」[10]如果學生單純是爲了犯罪，那麼警方當時的行動時機，可以說是掌握得相當好。但如果學生只是從事合法抗爭，那麼警方的行動，則可以說是操之過急。如果警方犯了時機上的錯誤，那麼追根究底，就是因爲事件具有不同的解讀空間。

如果這起事件只有一種解讀方式，那麼在事件當中所有的行爲，皆可以整齊地按單一時間軸一字排開。但如果事件具有不同的解讀空間，我們便需要給每種解釋不同軌道。下列三個問題，請記得常常問自己：一、是否能確定哪條軌道——哪種詮釋方式，才是正確的？二、事發時，是否有其他共時事件可能影響我對事件的詮釋？三、根據我判斷爲正確的詮釋看來，何時採取行動較爲恰當？

●**反作用力軌道**。每當有人提出改變的時候，請預期會遭受到反作用力——無論是贊成或反對。牛頓曾經說過，每一道作用力，都對應著一道相等的反作用力。關於反作用力，請自問下列四個時機問題，它們涉及了時間句逗、形狀與速率。

1. 反作用力或反對勢力何時會出現？
2. 它的發展速度有多快？
3. 何時發展成一定規模？
4. 何時結束？

簡單地說，就是要了解反作用力從開始、發展到結束的曲線長什麼樣子？要有效追蹤所有可能出現的反作用力，最好的方式就是幫每道反作用力畫一條軌道，這樣就能從一開始就了解它們的形狀、掌握時機。如果你把作用力和反作用力畫入同一條軌道，很可能會誤將反作用力視爲未來事件，因爲當成未來事件來看，很容易就會落入看不見或不留意的情況。

●**目標軌道**。個人與組織追求的目標，通常不只一個，可能是名、可能是利，而家族企業則可能以替下一代創造財富爲目標。有時候，這些目標之間並無衝突，但有時情況則比較複雜。我們知道目標會隨時間改變而有所更迭，還記得我在第二章提過的「一元拍賣」嗎？玩這個遊戲的時候，很多人的目標從一開始的獲利最大化，轉變爲後來的規避損失。這是因爲出價第二高的人，不只無法將一美元鈔票帶回家，還得實際支付他所喊出的價格。如果沒有預先替不同目標繪製個別軌道，等到發現必須改變目標的時候，很可能爲時已晚。

●**質性軌道**。質性軌道是描述重要事件、流程、活動，卻難以量化的軌道。前蘇聯的瓦解就如同一記警告，告訴我們忽略「不可數」因素所可能導致的後果。這裡所指的不可數因素，即爲「各種情感，如對民族、國家的情感，對宗教與文化自由的追崇，還有認爲前蘇聯政權的道德合法性已經盡失的感受。」[11]由於前蘇聯當時的各界專家，並沒有考慮到這些不可數的因素，只知道依靠具體事物，如經濟與軍事，因而無法預料蘇聯會在這麼短的時間內解體。

無論你屬於什麼產業，記得一定要將質性軌道列入考量。無法被量化的事物，常被認爲是主觀而不可靠的，尤其是注重精準、強調所有決策皆須「依數字行事」的組織，更會如此認爲。但正如蘇聯解體的例子所示，這種態度會導致時機決策錯誤，使得我們錯失良機。等你找到環境中各種可見與不可見的事件與情況（也就是各種軌道）後，便可開始進一步檢視這些軌道，思考軌道之間的交互作用與交錯情形。

找出足量的軌道，才有助於時機決策

看過幾種找出隱藏軌道的方法之後，我們要問的問題，就是「幾條軌道才夠？」其實這個問題，就好像在問摩天大樓要多高才夠高一樣，答案會因建築物的目的而有所不同。比方說，摩天大樓興建的目的，是爲了成爲城市地標、天際線的主角？還是爲了打破世界紀錄？或是活絡商業活動、開拓空間吸引招商？大樓究竟要蓋多高才夠，端看其興建目的。究竟要幾條軌道才夠，這個問題我無法回答，但是我的經驗告訴我，軌道的 C 值至少要超過二十，對良好的時機決策才會有幫助。

某次我在提供企業策略顧問諮詢的時候，和一間保險公司的資訊部門主管，一起討論了幾個商業情境。我還記得我們在白板上畫下許多軌道，大概畫到第二十條的時候，他向後一退，突然發現若決定將電腦系統升級，會影響到整間公司的策略方向。透過複音透鏡，這位主管不再處於資訊孤島，而能看見全局。在另一次與某間金融公司合作時，我也有相同的經驗。當時，該公司擔心自己的價格和同業相比缺乏競爭力。我們先試著了解產業概況，用一條條的軌道，來整理複雜的金融產業。同樣地，在畫到大概第二十條軌道的時候，我們發現當時產業內許多改變，有相當高機率會令價格的討論毫無意義，因爲價格很快將不再是推動獲利的主要因素。

所以，**軌道究竟要幾條才夠呢？有一個原則，我把它稱爲「第二打規則」**（second dozen rule）。根據我的經驗，前十二條軌道，多半是將我們已知的事物做視覺呈現。眞正能讓我們獲得洞見的，是後面的那十二條軌道。

找結構　事件、活動、流程如何排列？

複音透鏡能讓我們把注意力放在流程與事件之間的排列關係上，了解哪些事件會同時發生，哪些又會先後發生。兩種情況——重疊與非重疊，都可能爲商業帶來風險與機會。

共時風險：重疊的風險

十幾年前，美國國家廣播公司（NBC）尷尬地發現，二〇〇〇年雪梨奧運的收視率，並不如公司與廣告商預期。這個問題部分來自賽事舉辦的日期，由於主辦國澳洲位處南半球，四季與北半球顛倒，因此舉辦時間比慣例要晚。根據《華爾街日報》指出，美國國家廣播公司及其他大公司主管，皆將低收視率歸咎於同期間的其他賽事，如棒球錦標賽和美國美式足球聯盟（NFL）賽事。除了怪罪競爭對手以外，這些主管也將收視率下降，歸因於澳洲與美國兩地的時差。[12]也有人甚至開始質疑，也許美國人已經徹頭徹尾對奧運不感興趣了。

但就在八年以後，北京奧運證明了奧運仍有高收視潛力。事實上，各大媒體通路皆指出，該屆奧運收視率創下歷史新高，民衆對奧運感興趣的程度史無前例。二〇一二年在倫敦舉辦的奧運賽事，也同樣創下收視率佳績。「平均而言，每晚約有三千萬名觀衆收看，整場賽事的觀衆總數高達兩億人。」[13]那麼，美國國家廣播公司在二〇〇〇年，究竟做錯了什麼事？答案至少部分可歸咎於，美國國家廣播公司當時還不了解下列所有狀況與事件，若是同時發生會產生什麼問題：

- **天氣：**為了避開南半球的冬天，該屆奧運舉行的日期落在北半球的秋天，與以往奧運在夏天舉辦的慣例不同。
- **政治日曆：**當年秋季美國舉行總統大選，分散了媒體與觀衆的注意力。
- **愛國風潮：**冷戰結束之後，勁敵蘇聯解體，使得賽事的象徵意義不如以往。奧運不再是國與國或意識型態之間的競爭，純粹成為運動員之間的較量平台（這也是「白蟻軌道」的例子）。

●科技：網路興起，使得資訊可以即時流動，這讓轉播賽事時所可能出現的時間延誤，成爲一種挑戰。

●競爭者：奧運適逢棒球與美式足球季（來自「替代軌道」的競爭）。

善用複音透鏡，你就可以更清楚看見哪些狀況互相重疊，並且找出因應之道。如果美國國家廣播公司事先看見前述共時事件所產生的問題，很可能就可以想辦法將無法實況轉播這個危機化爲轉機。比方說，可以插播選手摘金的慢動作特寫重播畫面，或者在棒球錦標賽的廣告時間，播放「奧運最新賽況」來提醒觀衆奧運賽事的存在。這裡的重點在於，如果美國國家廣播公司懂得善用時間透鏡，它當初所面臨的許多挑戰其實事先就能預見。

因緣巧合，大橋崩塌在關鍵的一小段路

現實生活中有許多重疊的事件與情況，因此共時風險可說是處處皆有。二〇〇七年八月一日，明尼蘇達州明尼亞波里斯市（Minneapolis）密西西比河上的一座大橋崩塌，造成十四人死亡、一百四十五人受傷。調查人員後來發現，整座大橋的重量有一半落在寬度僅達一一五呎的一段路面上，而崩塌的斷裂點正好就在這裡。原來，當時正在進行一項橋面重鋪工程，用來鋪路的粗細混凝土骨料，直接壓在橋梁結構一處缺陷上。美國國家運輸安全委員會後來調查發現，這是使大橋崩塌、落入密西西比河的主因。[14]

爲了了解究竟發生了什麼事，我們必須將時間往回快轉。大橋完工之後，車輛開始通行，尖峰時間車流量大，其他時間車流量小。隨著時間過去，橋梁自然需要整修，但如果要避免橋梁倒

塌，施工單位一定要先了解，整修工程與尖峰時間總車流量漸增，這兩項因素相加對橋梁可能產生的影響。隨著時代進步，車輛的重量愈來愈重，而人口增加也使得尖峰車流量上升（這些緩慢的增加都是「白蟻軌道」的例子），種種因素最終導致橋梁總負重增加，而增加的負重，再碰上整修時放置橋上的建材與機具，於是造成橋梁倒塌。

後續調查也發現，橋身在結構上有缺陷：工程師將橋梁設計得太窄了。當然，結構缺陷的確是橋梁倒塌的原因之一，但我們學到的教訓還是很清楚：若要避免共時風險、躲過共時事件所造成的危機，一定要記得思考各種下游可能出現的狀況，是否在一開始時就已經同時存在。我們之所以做不到這一點，原因之一便是「因果思考」的傾向。這種思考方式諷刺地讓我們只看得見單一時間軸，而當我們的注意力全都放在因果之間的關聯，自然看不見同時存在的共時事件，既然共時風險來自共時事件，我們自然無法事先預見共時風險。[15]

刻意避開，解決共時風險

要解決共時風險，有一個很直接的辦法，就是提出非共時的解決方案。這就是避險基金使用的方法，規定贖回時要分次贖回，不能一次贖回，這能避免所有人在市場恐慌時同時撤資。這樣一來，投資人便有時間冷靜下來，市場狀況也有時間進行調整，讓人們願意繼續投資。

讓我再舉另一個非共時手段的例子。美國經濟學家理察・塞勒（Richard Thaler）曾對美國勞工儲蓄不足的問題，提出了非共時的解決方案——就我所知，此方案尚未實行。塞勒的計劃是要讓勞工現在就做出承諾，保證未來薪資若有增長，將提撥一部分做爲退休金。然而，這樣的提撥增加，在真正獲得加薪之前不會生效。也就是說，提撥額只有在確實加薪之後才會增加，所以勞工現在能帶回家的薪水不會減少。[16]此法等於是透過非共時手段，讓收入增加與提撥額增加兩者同步，達成完美和諧。

事件重疊，其實也有好處

重疊的事件與狀況，其實可以帶來正面結果，也就是共時報酬。國際劇場導演彼德・布魯克（Peter Brook）曾說，重疊的手法就是他成功的關鍵：「我從來不曾停止工作。在手邊工作結束以前，我一定會找到另一部電影來拍，以承擔失敗的危險。」[17]計劃同時做許多事情，也可以提升效率。比方說，經過紐約中央車站的火車，會在調整日光節約時間調整班次。大都會北方鐵路公司（Metro-North Commuter Railroad Company）發言人丹・布拉克（Dan Brucker）表示，同時調整的好處，除了讓事情更簡單以外，也讓乘客較能夠適應調整後的時刻表。[18]仔細檢視重疊事件，可以創造機會、產生正向結果，使風險管理做得更好。

共時需求，事情一定要同步發生

共時需求指的是，計劃或活動的要素必須同時存在才能成功。比方說，如果環境還未成熟，如市場還沒有準備好，或者相關基礎設施尚未完善，此時推出新科技可能會顯得太早。在此，我想到充氣輪胎的例子。雖然充氣輪胎的專利，早在一八四五年便由羅伯・湯普生（Robert Thompson）取得，但成功將充氣輪胎商業化的卻不是湯普生，而是一八八〇年的羅柏特・鄧拉普（Robert Dunlap）。當時，腳踏車已經出現，而充氣輪胎剛好能讓腳踏車騎起來更平順。[19]也就是說，湯普生之所以沒有掌握商業化的時機，是因爲當時相關條件尚未成熟。

很多狀況都會出現共時需求，近期最好的例子，算是全美航空公司沙林博格機長（Chesley Sullenberger）所駕駛的班機。當時，這起被稱爲「哈德遜河奇蹟」的事件，飛機機身受到鳥擊。所幸在沙林博格的駕駛之下，班機成功迫降哈德遜河。沙林博格如此形容當時的狀況：「首先，下降時機鼻必須上仰。再來，機翼必須維持水平。此外，下降的速度不能太快，而且飛行速度必須比維持最小速度再快一點，不能太慢……這些事情我必須同時兼顧。」[20]

沙林博格的壯舉非比尋常，需要多年的訓練、經驗、膽識與冷靜才能辦到。但是，我們每個人只要必須做決定，就面對了共時需求，因爲所謂做決定有三個條件：首先，我們要先知道自己有選擇的空間；第二，這些選擇彼此間互有不同，而且會導致不同的後果（不然，擲硬弊就能解決問題了！）；第三，我們必須認爲自己的行爲能產生影響，如果我們認爲不可控力量已經決定了事情的結果，那麼選擇便只剩下形式上的意義。

唯有當前述這三項條件共時存在，一項行爲才能被視爲決定。這也就是爲何我們有時也搞不大清楚，究竟是自己做了決定，還是只是根據習慣或習俗行事。我們嘴巴上常掛著做決定、做決定，好像這樣就可以讓做決定的那一刻更有戲劇性，但是只要再仔細瞧瞧，就會發現一項決定並非單一行爲，而是多重條件的匯集。這也是複音透鏡如此重要的原因之一——我們太容易忘記共時需求了！

共時需求很重要，但有時不和別人同步，反而可以取得優勢。某種意義上來說，創新其實就是這麼一回事，也就是要比別人搶先一步。要提供顧客新產品，就要比既有產品與服務搶先一步。此外，和別人不同步，也可以促成科學發現。愛因斯坦小時候的學習狀況，就和一般兒童不同，而這很可能就是愛因斯坦後來發現相對論的原因之一。他曾說過：「正常的大人，很少花腦力思考時間與空間的問題。對一般人來說，值得思考的事物在童年早期就都思考過了。但是我不一樣，因爲我的發展比人家慢一步，所以我長大以後還在思考時間與空間的問題，對這個問題的探究，也因此比任何人都還要深入。」[21]

細究共時需求　一班一再延誤的客機

舉凡商業計劃以至旅遊規劃，複音透鏡都非常管用。《紐約時報》曾刊載一則故事：麥特・霍德里奇（Matt Holdrege）是一位住在洛杉磯的通訊工程師，某次他從巴黎搭機返美，登機後飛機卻因爲機械問題無法起飛，不知道要等多久。正當空服員打開機門讓技師登機檢查時，霍德里奇也拿出了行動電話，另外訂了一張英國航空飛往洛杉磯的直達機票。不過，當霍德里奇正準備下飛機的時候，技師解決了機械問題，霍德里奇於是改變主意，留在原機上，飛機接著起飛。

不幸的是，這個故事對霍德里奇及其他乘客而言，還沒有結束。由於班機在巴黎滯留過久，如果照原訂計劃直飛洛杉磯的話，機上組員的工時會超過法定上限。因此，班機最後中途停留在華盛頓更換機上組員，導致延誤的情形雪上加霜。[22]

圖 6.1 霍德里奇的班機

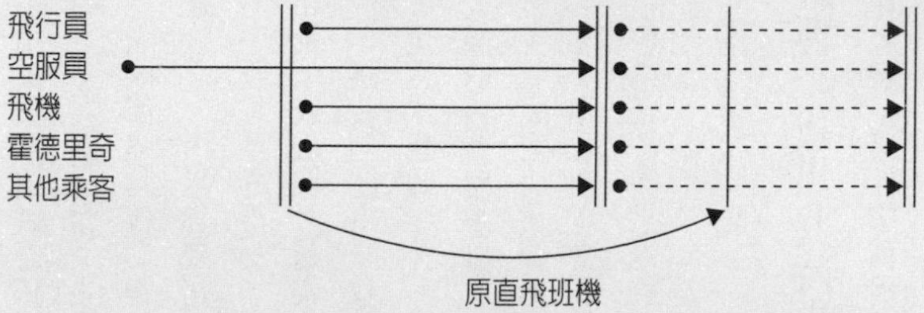

沒有人規定霍德里奇不准問航空公司，班機是否有進一步延誤的可能性，但是他沒有問，爲什麼呢？答案很簡單，因爲他不在航空業服務，自然不知道機上組員有工時上限的相關規定。如果我們進一步探討這個問題，情況則會有所不同。原本小小的疏忽，突顯的是某個根本性的問題。爲了進一步解釋，我們先來看看這個故事的時間結構（如圖 6.1）。

如圖 6.1 所示，在霍德里奇的班機上，所有重要角色都有一條自己的軌道。總共有五條軌道，並以箭頭來表示發展方向，這五條軌道分別屬於飛行員、空服員、飛機本身、霍德里奇，還有其他乘客。我們發現，空服員的軌道早在飛機起飛之前就已經開始，也在班機降落的時間之前就結束，因此干擾到其他軌道的運行。

雖然圖中沒有畫出來，但是這個故事裡有兩面時鐘。一面顯示的是班機起飛的時間，另一面則記錄了機上組員的最長工時。如果用音樂來解釋，也許更能幫助我們了解霍德里奇的狀況。想像自己將左手的五隻手指頭，分別放在鋼琴的五個琴鍵上（你也可以眞的找一台鋼琴試試看）。放好了以後，用力將五隻手指按下（這就是班機的起飛）。此時，請注意聆聽五個鍵所形成的和弦（飛機飛行中的低鳴），然後將五隻手指頭提起，代表降落。

完成前述動作之後，請再重複一次，但是這一次，我們要假設你的中指在按下琴鍵之後中途疲乏，所以你要用右手的另一隻手指頭來接替工作。相信你已經發現問題在哪裡了！要是右手正忙著彈奏另一個和弦該怎麼辦？就算右手剛好沒事，接替的過程也得非常順暢，否則和弦（或班機）還是會受到干擾。和弦的意象非常重要，它能提醒我們「垂直思考」的重要性，讓我們記得尋找當下共時存在的各個事件。即使在單純的狀況中，我們必須注意的軌道數量也比想像中多。在前述的故事中，一共有五條軌道，但是單是五條軌道，就已經超出了人腦的科普蘭限制。除此之外，霍德里奇還必須跨越另一道障礙，也就是他的「習慣」。他常常看到空服員在機艙內工作，卻沒有想到所有行為與角色的背後，都有時間結構的支撐與伴隨。我為他的故事所繪製的時間結構圖，他一定看得懂，但是垂直思考及序列限制，都不在他平常決策思考的範圍內。要解決這個問題，需要的就是時間透鏡。

找影響　找出共時事件的相互關係

在考慮了事件排列與重疊等相關問題後，下一步就是思考不同流程與事件間的交互作用。後續雖然只是初步整理，但還是可以做為思考的起點。

因果關係

一項行爲可能導致另一項行爲，如銀行等機構償付能力高低，通常取決於其他人對這些機構的信心。因此，當經濟不景氣時，金融機構領導人通常會對未來表達樂觀，如果不這麼做，就會造成這些領導人想要避免的情況，也就是市場恐慌、信心瓦解。但如果景氣不斷惡化，那麼表達樂觀看法的領導人，又會被指控隱匿實情。這導致經濟危機發生時，總是看似「一夜崩盤」（最快流程的最大速度非常、非常快），但如果仔細研究，就會發現促成危機的條件存在已久。一條軌道上（一群人）對資訊的公開或隱匿，對另一群人會衍生出另一條軌道。

競爭關係

公司內部人員常常互相爭奪資源，爲了手上的計劃要資金、爭科技、搶人力。但如果競爭太過激烈，反而會讓大家看不見外部的機會。當公司內部動盪的時候，主管們很容易就會錯失市場機會、誤判時機，尤其如果機會轉瞬即逝，更是如此。要有效掌握時機，一定要時時注意周遭環境，而所謂的周遭環境，也包含了公司內部的競爭情形。

合作關係

不同公司之間，可以透過合作等方式互相影響。舉例來說，企業之間常會建立共同產業標準，或是共同出資遊說政府通過相關法案。就組織內部而言，研發與行銷等不同部門，所追求的利益可能互不相同，但彼此也必須要有某種程度的合作，才能達成組織訂定的整體目標。

遮蔽關係

一項進行中的流程，可能會蓋過另一項流程。麻州大學刑事正義學程（Criminal Justice Program at the University of Massachusetts）主任安東尼・哈里斯（Anthony Harris）在一九九七年指出，雖然加重傷害的案件數：「在過去四十年來大幅成長數倍，但謀殺案件數量並未出現顯著變化，增減幅度始終小於五〇%。」[23]哈里斯主任進一步解釋原因：「謀殺案件數量其實受到人爲操控，因爲現在許多受害者被即時送往醫院救治，所以生還比例大增。換句話說，美國的謀殺問題仍然很嚴重，只是現在比較難致人於死而已。」

或許，近年發生的槍擊事件會讓你對哈里斯的話持保留態度，但緊急醫療照護的進步與應變時間縮短，的確讓許多病患不致成爲無辜亡魂。簡言之，意圖謀殺的案件數量也許正在增加（軌道一），但由於醫療照護的提升（軌道二），受害人的存活率變得較以往高。在此，軌道二遮蔽了軌道一。要有效發現遮蔽問題，我們要試著將原本假設爲單時單點的事件（單點思考），改爲戴上複音透鏡來思考，並且將其視爲沿多軌道進行的多重行爲共同導致的結果。

加成關係

同時發生的不同行爲與事件，彼此可能會有加成放大的作用。經濟衰退的時候，如果所有人都減少開支，這種集體行爲可能會導致經濟衰退得更嚴重。在其他情況當中，事件彼此加成放大的情況，也是我們可以預期的。比方說，當選舉將至，政治人物會紛紛對重要議題表達關切，如大衆媒體上的色情問題，此舉爲的是吸引部分選民的注意，但等到選舉一結束，這些議題便又會逐漸淡出公眾論述。

互相抵銷

兩平行事件可能會互相抵消。軍事分析家丹尼爾・艾爾斯伯格（Daniel Ellsberg），曾講述一段他與美國越戰時期國防部長羅柏特・麥克納馬拉（Robert Mcnamara）的對話。[24]兩人討論的問題，爲華盛頓方面的綏靖政策是否具有成效。艾爾斯伯格說，事情一年以來未有任何進展。麥克納馬拉則說，美方雖然額外投入十萬軍力於戰場上，卻未造成任何改變。意思就是說，情況事實上是惡化了，抵消了額外軍力所帶來的改變。

模仿呼應

流程彼此互相模仿的例子很多，如喬治・米切爾一九九八年能成功促成簽定北愛和平協定，可能就是受到一九九〇年代南非以和平方式廢除種族隔離政策所影響。[25]

呼應指的則是在某個情況當中，兩流程的節奏彼此互相輝映。[26]幾年前，法國官方決定解決國內失業問題，方法是將勞動工時上限調降至每週三十五個小時。策略背後的道理其實很簡單：在工時減少的情況下，公司如果要維持原有的生產力（後來確實成功做到），勢必得增加員工數量。畢竟，生產力的計算方式是員工人數乘以工作時數。當生產力不變，工時卻減少了，公司勢必得擴增人力來填補少掉的工作時數，一切非常符合邏輯。

但實際情況卻不如政府預期。公司處於淡季時，會讓員工放假；等到需求上升時，再要求員工在不加班的範圍內增加工作時數。這使得一年下來，員工平均的勞動時數，約落在每週三十五小時，但實際工時卻隨著每週、每月有所變化。公司的策略其實就是將兩種節奏同步化：一年當中不同的員工數量需求，以及公司控管供給的能力。法國官方最後放棄了這項每週三十五小時工時的實驗，而且正如法國知名已故女歌手愛迪・琵雅芙（Édith Piaf）的歌名，對於這個決定他們一點也不後悔。

控制

流程可能也會出現互相控制的情形。想想看，我們的工作與個人生活，有多大比例是受到時鐘與日曆的控制？對時間的控制，可說是最有力量的控制。對此，二戰時期的德國納粹黨人，甚至有專門的形容用詞「一體化」（Gleichschaltung），意思就是「讓社會上所有人恪遵規則，依據極權政權的迫切需求，使社會同步、統一一切時間與節奏的企圖」。[27]此外，我認識的實驗室科學家，總是會在某個時間點，開始抱怨財務與官僚體制對研究創新與成果的局限。

取代

一條軌道有可能為另一條所取代。舉例來說，一間多角化經營的公司，在部分事業虧錢時，會試圖將投資人的注意力聚集在賺錢的事業上。

交換或市場

多條軌道聚集在一起後，可能會形成市場或網絡，如供應鏈裡身處不同軌道的個人、團體、企業之間所具有的買賣關係。

交涉

不同公司之間彼此涉入的程度不同。在某些例子中，一間公司也許只大略知道另一間公司的現況，但有些時候，甲公司可能會主動監控乙公司的活動。更甚者，甲公司可能會積極與乙公司競爭，或者試圖影響乙公司。

獨立性

並非所有事物之間都有關係。有些活動或系列活動彼此之間並無影響，只是恰巧在同一時間共同存在。我最喜歡的例子是俄羅斯抽象畫家瓦西里．康定斯基（Wassily Kandinsky）所寫的一首散文詩：

> 從前，住在魏斯基輿的一位男子說：「我永遠，永遠不會這麼做。」同一時間，住在米約桑的一位女子說：「牛肉配辣根。」[28]

也許就某個量子力學的層面而言，這兩件事情有著某種關聯，但就實務討論來說，我想我們可以放心地假設兩者之間毫不相干。

到目前爲止，我們都在透過複音透鏡來檢視外在環境。現在，請花點時間寫下三到四項生活上或工作上的重要行動與事件，然後問自己兩個問題：一，同時間有哪些事情發生？二，哪些事情又是各自發生？這些行動與流程之間，又有什麼交互作用？

假設今天甲、乙、丙三間公司皆鎖定同一群消費者，彼此競爭非常激烈。正當三者之間的角力持續進行時，另外有一群人（公司、說客等），開始積極試圖影響法規制定，整個產業即將出現改變。此時，甲乙丙三間公司可能會太過專注於彼此的競爭，反而忽略了這樣的發展，導致無法為即將到來的改變做好準備。

複音透鏡的目標，是要檢視多項共時流程與事件之間的關係，要看的是結構與交互作用。這件事其實我們平常都有在做，本章只是以更具系統性、更完整的方式，幫助各位更了解這件事的重要性。

時間複音的風險

每天，我們都會聽到道瓊指數上漲下跌，但其他較為隱祕的市場和交易所，每天所進行的幾十億筆交易，我們卻所知甚少。事實上，市場上正在發生的許多事情，對於一般投資人來說是看不見的。假設有人跟你說，你可以以二十五美元為一單位購買某證券，而且在往後三十年裡，每個月都可以獲得三到八％的配息，期滿後還可以原價贖回證券。這聽起來，好到有點不切實際，對吧？

沒錯！天底下沒有這麼好的事，但該證券發行人美國富國銀行（Wells Fargo）卻說，一切相關風險都已經告知投資人。問題是，後來情況的改變超出所有人的預期：改革華爾街、保護消費者的新法案通過，讓投資人可以提早贖回這類證券。而投資人之所以會贖回，主要原因是利率相關因素，但也因爲涉及的法人投資人不多（市場很小），所以一間公司贖回的決定影響到所有人。如果要了解有哪些眞正的風險，投資人必須監控法規、利率、市場大小等不同面向的改變，也要思考這些改變加在一起後，對相關公司會具有什麼樣的意義，但卻沒人這麼做。

佛洛依德・諾里斯（Floyd Norris）曾在《紐約時報》討論過前述狀況，把問題歸咎於富國銀行「在證券到期前這段期間，利益與消費者相互衝突」，而且「沒有說清楚哪裡可能出問題。」[29]但是這裡的問題，除了利益相衝突、相關風險解釋不清楚外，主要還有未被清楚描述的事物，其實是沒辦法被清楚解釋的。我們需要的，就是「複音風險」（Polyphonic Risks）這個概念——當多重行爲人同時本著不同利益採取不同行動時，所衍生出來的風險。只有透過這種複音式的分析，投資人才能眞正評估投資標的的風險。

雖然我們無法監控所有的情況、事件、競爭者與流程，但我們可以訓練自己的「餘光視力」，讓我們看見多重共時事件彼此互相作用所產生的影響。當有人要你（不論是你個人或你的公司）支持一項計劃，或是進行某項投資的時候，要問的問題就是究竟會有多少事件、行爲、活動同時進行，並且思考它們之間的交互作用，會如何影響事情的進展。

即便是在實體建築結構當中，如橋梁的設計，共時性也會產生影響。工程師與作家亨利・佩托斯基（Henry Petroski）指出，一般人在過橋時很少會和前一人「亦步亦趨」，但如果橋身出現晃動，橋上行人的步伐會開始趨於一致，而這種結果會導致正向回饋循環，更加劇橋身搖擺的幅度。[30]

愈來愈平的世界，隱藏著許多共時風險

《紐約時報》專欄作家、《世界是平的》（*The World Is Flat*）作者湯瑪斯・佛里曼（Thomas Friedman）認為，我們在未來會遭遇更多全球規模的共時風險。佛里曼指出，近年阿拉伯世界的衝突和歐債危機就是例子。他說，中東地區「社會『過度連繫』（hyperconnectivity），讓年輕人看見自己國家社會的落後，同時也讓因此感到焦慮的年輕人，更能互相溝通連結、努力改變現狀。」在歐盟地區，過度連繫的情況一方面突顯了「某些經濟體完全缺乏競爭力，但也同時點出這些經濟體之間的相互依存，兩者可以說是致命的組合。」[31]在兩個地區的情況中，全球化與資訊科技的高度發展導致了過度連繫的狀況，進而產生共時風險。

在這裡，我們要問的商業相關問題，是如此高度的聯結性與互賴性，是否會在全球經濟同步復甦時，導致通貨膨脹？而我們要問的時機問題，則是我們在事前會獲得什麼樣的警告，又有多少時間準備？

如果不將複音結構列入考慮，我們所推出的結論，很可能會是錯的。現金回饋網站Extrabux.com在二〇一二年進行一項分析，試圖了解學生在什麼時候上網買教科書最划算。該網站發現，每年八月二十日到二十六日以及一月七日到十三日，也就是秋季學期的期初與期末，最適合購買教科書。這和常識相符合，但有趣的是，Extrabux.com也發現教科書特殊的供需關係：網路價格有時反而會在需求上升時下降。[32]大多數人都認為，當需求上升時，價格應該也會上升才對，但情況卻不是如此。

我們必須進一步檢視爲什麼會有這樣的現象，了解這個現象與複音性的關係。首先，我們要考慮買賣雙方的互動行爲。學期即將開始時，學生會發現在學期開始後，教授一旦指定其他書籍，自己手上的二手書可能會完全沒有市場。所以隨著期限到來，手上有二手書的賣家會愈來愈著急，尤其當賣家也需要這筆錢來購買新書時，更容易狗急跳牆。賣家的產品等於具有時效性，必須在開學前賣出，而同時間大量買家湧入市場，等著搶占便宜。這一切都是時機問題所致，如果要預見這個情況，我們就必須建立一個複音結構，描述同時間進行不同或相同行爲的多個行爲人關係。

時間複音的機會

多重的重疊事件與行爲會帶來風險，但也可能帶來創新機會。善用複音透鏡以提升時機決策的有效性，有下列幾種做法。

調整高度

每個人都能在某個時刻選擇要同時做多少事情，我們可以自行控制數量多寡。多工雖有其成本，但也有其好處，如果將這個問題提升到組織層級來看，所涉及的層面將會更爲廣泛。併購與撤資這兩種行爲，可以增加或減少一間公司同時必須管理的活動數量，因此進行這兩項行爲，其實就是在調整複音結構的高度。業務外包或全球招聘也一樣，會改變公司必須同時管理的活動數量、種類與時機。隨著企業目標、結構不同，時間架構的寬與深、廣與密，也都要做出相應調整。減少高度，也就是減少活動與軌道數量的做法，和增加軌道數量都是有效的選項。

調整結構

考量不同事件的排列與重疊方式，如角色與結構的排列與重疊，也可以創造新機會。比方說，網路的興起導致了許多產業的崛起與衰落，網路雖然令許多傳統零售方法變得多餘，卻同時拉近了消費者與生產者雙方的距離。

只要能平行作業，而不是按部就班、一個接一個地來，就代表有節省時間與金錢的可能。營造業中有個例子，稱爲「設計建造流程」。採用此法的承包商，不只一手包辦案件的設計與施工，還讓這兩個階段重疊，減少案件完工所需的時間與金錢。

在醫藥界中，將流程重新同步的做法，也促成了創新療程的發明。比方說，許多病患在截肢以後，還是會受幻痛所苦。爲此，加州大學聖地牙哥分校神經科學教授維拉亞努斯・拉馬禪德蘭（Vilayanus S. Ramachandran），設計了一套減緩幻肢疼痛的簡單療法。[33] 拉馬禪德蘭發明了一種盒子，裡頭帶有鏡面，當病患將單手伸入盒中，會因爲鏡射關係看見兩隻手。接著，醫師會要求病患模仿指揮家擺動雙手。此時，病患會在盒中看見雙手上下擺動，但大腦卻只獲得一隻手的神經回饋。大腦在感到困惑之後，便會將相關神經傳導連結阻斷，幻痛因而得以解除。

波音公司則是在與供應商失去同步的時候，發現了新的商業契機。一九九七年，由於訂單量大增，使得許多零件缺貨，波音被迫停止生產長達一個月。生產中斷爲波音帶來了相當的年度損失，導致波音兩年間盈餘縮水達二十六億美元。[34] 有了這次慘痛的經驗，波音決定要透過提供顧客選擇的方式來解決問題。波音讓顧客在下單時，自行設定確切交貨日期，並給予他們在交貨前一年取消或延後的權力，但顧客也可以選擇購買「購買權」，意即先將價格定下來，但不訂定交貨日期。[35]同時間，波音內部的一組團隊，會仔細追蹤不同顧客類型的不同需求，確保「若有客戶陷入麻煩，需要取消訂單時，釋出的成品可以優先交付給重要或有急需的其他顧客。」其實，波音就是透過同時監控不同顧客類型的做法，落實了複音結構的多層次設計。

善用影響力

有些複音策略，應用的是流程之間相互影響的情況。比方說，銀行必須存有一定金額做為準備金，但若金額太高，會妨礙到銀行日常業務的運作（如放款等），進一步影響到整體經濟。但如果準備金太少，銀行則會在金融危機時容易遭受波及。倫敦政經學院教授查爾斯．古德哈特（Charles Goodhart）針對這個問題所提出的解決方式，就採用了複音策略。[36]他建議，金管單位應該要同時追蹤放款成長與資產價格上漲幅度，當兩者大於趨勢走向時，銀行勢必會需要更多資金。古德哈特認為，管理、規範動態體系的方法，就是監測重要變因的關係如何隨著時間改變。一個變因，會對另一個變因產生影響。

一旦了解一項流程對其他流程有何影響後，這項知識有許多應用方式。倫敦大學瑪莉皇后學院的威廉．濟汀吉博士（William Keatinge）主導了一項研究，比較歐洲地區人民健康與氣候的關係。研究發現，氣溫的變化與冠狀動脈栓塞和中風等疾病，具有一定相關性。每當氣溫驟降，冠狀動脈栓塞的個案數量會在兩天內達到高峰，中風個案數量則會在五天內攀至最高。根據《經濟學人》指出，這些數據後來被用來建立一個結合「氣候、人口、醫療數據，以預估醫療服務需求量的電腦模型。在四週的測試之後……節省了四十萬英鎊的營運成本。」[37]

思考時間複音風險與機會的祕訣，就在於要放下平常過度狹隘的分類系統。眼前的問題，也許看似是金融、製造、行銷、業務、全球策略或全球暖化的問題，但如果只從這種單一分類切入，很可能會讓你無法看清大環境的脈絡。**討論時機問題的時候，最重要的是找出同時進行的各種行爲與事件，並且加以分析。**複音透鏡的目的便在於此，幫助各位訓練「餘光視力」，因爲風險與機會最喜歡藏在容易忽略的角落。

時機思考題

等待，是最令人挫折的情況之一。你到了一個地方，但是另一個人，或者你想要的、你依賴的東西卻還沒有出現，這個時候就必須等待。要是趕時間的話，那麼你會覺得更痛苦。美國休士頓機場，就受此問題困擾：旅客匆匆到了行李提領區，但行李卻還沒來。這是一個典型的複音問題，旅客下飛機後，會前往行李提領區，而行李被卸載之後，也會被送往提領區，但是誰會先到呢？旅客，還是行李？時間差是多久？在休士頓機場，先到的是旅客，而他們所抱怨的等待時間，平均是七分鐘。

解決這個問題最簡單的方法，顯然是縮短行李抵達提領區所需的時間。我完全可以想像，可能會有一群碼表時間研究（time-and-motion）專家，手持白板與碼表，如同十九世紀效率大師費德烈克・泰勒（Fredrick Taylor）般，監控測量著每一個小細節，甚至連行李一開始是怎麼登機的，都要仔細研究一番。不過，機場最後並未採用這種方法。

我們提過，非共時風險，也就是事件不同步所產生的風險，需要用同步策略來解決。機場最後採用的策略，就是將「班機停在離航廈最遠的登機門，把行李送到最遠的提領區。一旦旅客步行抵達提領區的時間延長六倍，便沒有人再抱怨了。」[38]在這個例子中，讓旅客滿意的關鍵，並不在究竟要等多久才能拿到行李，而在旅客和行李要同時抵達提領區。休士頓機場的策略，來自想像力與對複音結構的了解，其成本幾近於零。

■本章摘要

時間複音的概念，能讓我們注意到許多行為、事件、流程其實都是同時進行的，而且各有不同的軌道與路徑。**複音透鏡告訴我們要怎麼尋找重點，了解究竟要找些什麼：**

- 直著看：找出所有對工作與事業可能產生影響的共時事件。
- 找結構：注意共時事件、活動與流程之間的排列方式，如哪個走在前頭、哪個落在後頭，哪些流程互相重疊等。
- 找影響：探索單一事件如何影響其他共時事件，探討事件之間的因果關係。

下列是時間複音的相關風險與機會：

- 重疊事件超過四個時，很容易看不見事件間的交互作用會產生什麼影響——科普蘭的限制。
- 有些事件有所謂的「共時需求」，即行事要成功，要先有多重條件同時存在，若有條件缺少便無法成功。

●非共時風險，即事件應該同步卻無法同步發生時，所可能產生的風險。有時候，讓事件同時發生，和把事情分開來處理一樣重要。

●事件互相重疊的時候，彼此間可能互相遮蔽，導致失誤或誤讀。比方說，公司的某個部門如果是市場龍頭，其他表現不佳的區塊很可能不會被發現。

●複雜情形要用平行流程，也就是「軌道」來整理。問問自己，軌道之間如何互相影響。

●仔細檢查同時進行的各種流程，看看哪些是可以暫緩的；如此一來，便能把重點放在最重要的軌道上。

●有時候，發明一項新產品或流程，以輔助或改善既有行爲與活動，有助於創造成功的新商品。比方說，第四章提過的玻璃品牌萊德就是一個例子。

7 善用時間透鏡，解決辦公室戰爭

「發自內心深處的一聲『不』，要好過為了討好人而點的頭，更好過為了避免麻煩而說的一聲『好』。」

——甘地[1]（Mahatma Gandhi）

進行時機分析的第一步，就是要學會透過前面章節所介紹的六大時間透鏡來檢視世界。一旦使用了六大透鏡，情況當中的問題便顯而易見，解決方法也將清晰浮現。

讓我以一間製藥公司為例。有一天，這間公司決定召開會議，討論是否繼續行銷新推出的減重藥「必力通凝」（Biritonin）。和大家一起坐在會議室的你，清楚知道大家即將做出錯誤的決定，也知道這很可能會導致可怕的後果。然而，你卻找不到好時機，在不危及飯碗的情況下，提出反對意見。

下列是會議的逐字稿[2]，與會人士包含：

強納森——公司總裁

鮑伯——行銷總監

蘇——律師

佛萊德——對政府聯絡人兼律師

理察——研發部主管

1. **強納森：**好，鮑伯到了，我們開始吧！今天要討論的事項只有一件，應該可以很快處理完畢。公司究竟是否該持續行銷新推出的減重藥必力通凝？開始之前，我想先跟大家輕鬆聊幾個想法。我支持必力通凝的原因之一，是這項新藥能讓我們延續近來的成長、增加股利發放。我知道目前部分外部檢測報告的結果並不完全樂觀，這部分的資訊我們今天可以了解一下。好，現在我把發言權交給鮑伯。鮑伯，請向大家簡單報告一下行銷方面的情況。

2. **鮑　伯：**我想大家都有拿到我整理出來的基本行銷策略備忘錄，所以我就幾個重點報告就好。首先，我們預計十四個月可以回收成本，三年能達到二三〇萬美元的累積獲利，屆時投資報酬率將達到二九％。講大白話，就是我們可以賺進大把鈔票，同時還能幫助許多過重的人減肥，讓他們過得更好。

3. **蘇　　：**競爭對手呢？有沒有需要注意的？

4. **鮑　伯：**我認爲，必力通凝是最有效的。我預估市占率兩年內就能達到二〇％。

5. **強納森：**政府方面呢，佛萊德？相關事項都打通了嗎？

6. **佛萊德：**還可以。雖然食品藥品管理局在藥品上市一年後會進行二次評估，但目前一切ＯＫ。主要問題是最近出爐的外部測試報告，有些結果是負面的……你知道，管理局的人最喜歡找麻煩。

7. **蘇**　：那是自然的，爭媒體版面嘛！證明一下政府有在照顧可憐的納稅人。

8. **強納森**：理察，你向來最謹慎，你怎麼解讀那些測試報告？

9. **理　察**：如果我和我的部門真的認爲必力通凝有問題的話，當初絕對不會推薦它。但這次抽樣組醫師回報的結果，的確不太樂觀。

10. **強納森**：多大比例？

11. **理　察**：什麼比例？

12. **強納森**：回報結果有多大比例是負面的？

13. **理　察**：比例不高，大概五％。

14. **強納森**：症狀嚴重性爲何？

15. **理　察**：其中一位醫師指出，病人出現嘔吐症狀。另一位則懷疑導致血栓問題，還有一位病人在服藥後開始頭暈目眩。

16. **佛萊德**：聽起來不算太嚴重。

17. **鮑　伯**：沒錯，很多其他因素都可能導致這些症狀。

18. **理　察**：這些數據不夠有力，而且這些醫師是隨機抽樣選取出來的，當中有些人也許根本就是江湖郎中。我們實驗室裡的都是頂尖人才，他們才是我們該信任的人。

19. **強納森**：蘇，就妳來看，這件事有沒有相關責任問題？

20. **蘇**　：這是我們律師最在意的地方。我想，最好還是做進一步的測試。

21. **鮑　伯**：天啊！如果律師怎麼說，我們就怎麼做，那整個製藥界可能還在研發阿斯匹靈。我們做藥品的本來就是有風險，再說必力通凝也不是開架式成藥，是嚴格的處方藥。
22. **理　察**：是啊。如果醫生不放心，不要開就是了。
23. **蘇**　：但題不只如此。公司在業界享有良好聲譽，是因爲我們向來童叟無欺。我們絕不能因爲一項產品，壞了這一切。
24. **強納森**：好，好。我們現在意見盡量不要分歧，我相信蘇不是在找麻煩。對了！鮑伯，海勒博士寫了張備忘錄。他似乎有話想跟大家說，你和他談過了嗎？（海勒博士是公司的首席研發科學家，沒有出席這場會議。）
25. **鮑　伯**：我剛有一點遲到，就是因爲這個。我在來的路上遇到他，他還是一如往常地保守……對，相當保守。他還是希望可以進一步測試。由於會議時間緊迫，我試著傳達資訊，要不然我們今天就在這裡坐上半個小時，聽他一個人講話。
26. **強納森**：佛萊德，海勒是你部門的人。你有什麼看法？
27. **佛萊德**：團隊中其他人都很有信心，他們向來很謹慎。
28. **蘇**　：我們沒什麼好擔心的。
29. **強納森**：還有異議嗎？（暫停一會）好，一致通過。我們繼續推行必力通凝。

這是一場虛構會議，這些對話改編自一段以團隊心理學爲主題的黑白教學影片。沒有製藥公司做了這個決定，但只要是在商界的人都很清楚，這種對話動態非常常見。我們要問的是，哪裡出問題了？而這些問題又可以如何事先避免？

先花點時間，探討一下這間公司面臨的風險。由於美國肥胖人口衆多，預測數字又指出藥物市占率將達二〇％，屆時服用必力通凝的人數一定不少。雖然副作用（包含可能導致死亡的症狀）出現的機率預估約五％，但如果基數相當大的話，五％也不會是個小數目。若不幸有幾百人死亡，公司勢必將面臨一場公關浩劫。大衆如果對藥廠失去信心，公司生產的其他藥物也會受到牽連。此外，會議逐字稿中也沒有相關證據指出，公司正面臨強烈的競爭與財務壓力，無法支持或合理化繼續推行必力通凝的決定。因此，在不先問海勒博士意見的情況下，就直接做出決定，是相當不負責任的。但就這場會議進展的情況看來，似乎很難阻止事情朝這個方向發展。律師試過了，也失敗了。

我們都有過類似的會議經驗，很想知道有沒有方法，能有效說服在場的每一位暫緩藥品行銷（包含強納森）？對多數人來說，這根本是個不可能的任務，難如登天。但是本章將告訴你，事情其實並沒有這麼困難，關鍵就在於透過六大時間透鏡，來仔細觀察會議進行的情況。每一面透鏡，都能幫助我們釐清爲何提出異議這麼不容易。一旦我們找出困難之處，便能找到克服的方式。我會爲後續提出的發言建議編號，在章末組合成一套有效的策略。首先，我們先來找出公司若是行銷必力通凝，將會面臨哪些風險。

在會議逐字稿的第十五次發言之後，也就是在衆人初次提及藥物負作用時，也許我們可以考慮下列這樣的發言：

①如果我說錯的話，麻煩指正。鮑伯你剛才說，我們的市占率幾年內就可以達到二〇％？這固然很好，消費者多，我們賺的錢也多。（暫停一會）但我不免擔心，就算出現副作用的人比例不高，

我們還是會面臨嚴重的問題。畢竟，比例雖小，但如果基數大，乘出來的人數還是很多。也許會有上百位民眾因爲我們的藥物生病，如果是這樣的話，我們整間公司還有所有產品都會受到影響，很可能會名譽掃地。

可惜，這是很危險的說法，因爲它威脅到老闆的權威。思考權力的方法有很多種，但是就時機角度而言，權力就是掌控時間序列、句逗、區間、歷時與形狀等時間元素的能力。

- 強納森可以在任何時候，決定開始或結束會議。他對會議的長度（歷時）、始末（句逗）與步調（速率或節奏）擁有掌控權。
- 這場會議具有前後來回的形狀，與會者分別發言並回應。強納森可以決定每個人發言的時間長短（區間）。
- 強納森可以就任何主題，在任何時刻想講多久就講多久。
- 強納森可以擴張或壓縮既有區間，他也控制了機會窗口的大小。事實上，強納森將一般決策會議進行的順序顛倒過來。要了解這種做法如何讓與會者更難提出異議，接下來我們先就序列透鏡分析這場會議。

從序列透鏡來看這場會議

公司總裁強納森在會議一開始時說：「今天要討論的事項只有一件，應該可以很快處理完畢。」其實，行銷必力通凝的決策已經確定，會議室所有人也都知道。此次會議的情況，我以圖解方式在圖 7.1 呈現。

圖 7.1

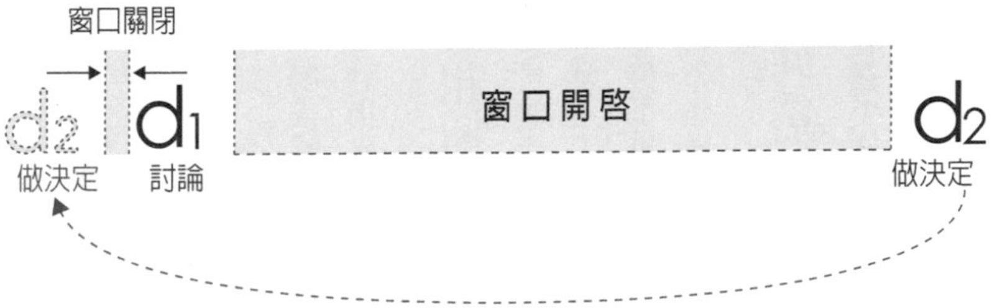

一般而言，決策會議的程序應該先就問題來討論，等到快要結束的時候再做出決定。辯論與討論的窗口，只在做決定之前開啓，做了決定就代表窗口關閉。要是事情已經塵埃落定，提出異議等於是一種亂序的行爲，因爲窗口已經關閉。由於強納森反轉了正常的會議程序，導致提出不同意見更加困難、更加危險。

不過，序列反轉的問題其實有法可解，在此提出三項供各位參考。

再反轉

再次反轉序列，宣布問題尚未拍板定案，將窗口打開供衆人討論。譬如說：

②我們先不用急著今天做決定，這個問題我想繼續討論。

不過，這句話同樣直接挑戰了老闆的權威，可能不會有人膽敢提出。讓我們繼續看另外兩種策略。

眼光放遠

如果能設法讓「先辯論再決定」這個序列被忽略，那麼決策序列反轉的問題就不再存在。要讓「先辯論再決定」這個序列被忽略，其中一種方法便是將眼光放遠，改從遙遠的未來回頭檢視現在。試想，五年後還會有人記得事件發生的確切順序嗎？因此，也許你可以這麼說：

③現在最重要的，不是這個決定到底是要今天敲定，還是等到下週再說。假設五年以後，我們再回過頭來看看今天的會議，我想最重要的，絕不會是我們在什麼時候做出決定，而是我們的決定有沒有做對。

將空間或時間上的距離拉遠，會讓我們比較看不清楚事件與事件的時間間隔。近看時獨立的事件，遠看則會融為一體。

主張無相關性

行動目的決定了行動時機。案例這場會議有兩個目的，第一、批准一個已經定案的決定；第二、則是要「了解一下資訊」。如果今天會議的目的是後者，那麼決策序列反轉的問題就失去相關性、變得不重要，因為會議的目的並不是做決定。

④強納森，您剛剛不是說，今天開會的目的，是要了解一下相關資訊嗎？怎麼現在好像我們馬上就要做決定了？

當然，重新定義會議目的的做法，不是沒有風險。只有手上有權力的人，才可以更改會議目的。部屬在不逾矩的前提下，一般是做不到的。

從句逗透鏡來看這場會議

句逗透鏡能讓我們把注意力放在逗號、暫停、句號，以及其他各種標記時間分段的符號上。接下來要介紹的幾種策略，便是透過句逗及安插位置，讓提出異議更容易。

插入句逗

人們保持緘默的原因，並不只是他們不敢發聲，或者覺得自己沒什麼話好說，而常是在會議進行的過程中，時間的連動性缺乏了「內在句逗」，一件事緊接著另一件事，彼此互相交融，等到回過神來，會議早就已經結束。在這種時候，我們必須刻意插入句逗，如主動請求暫停議事：

⑤我們可以暫停一下，把這件事想清楚嗎？

但一般只有手上有權力的人，才可以主動要求暫停，所以我特別將這句話改用疑問句的方式表達。還有另一種說法，但要看會議進行的時間長短。會議進行得愈久，事情就會變得愈複雜，因此就愈適合說：「我們可以停下來，看看目前的進度嗎？」回答時可以總結所有討論，這提供了一個延期的好機會。

重下標點符號

你也許還記得我們在第二章曾看過，單一事件如藥物的行銷，可以和過去綁在一塊檢視，也可以和未來放在一起看待。也就是說，藥物行銷上市可被視為藥物研發這個長久流程的最後一步，也可被視爲嶄新行銷計劃的第一步。如果是後者，那麼做起決定就要更小心，因爲給消費者的第一印象絕對不能馬虎。因此，試圖暫緩流程速度的你，可以試著這麼說：

⑥我們在開始這幾步棋一定要下得好，才能在消費者心中留下良好的第一印象，不然補救起來得花上很多時間。

設定期限

如果決定進行額外研究，找出藥物在不同族群當中所產生的副作用種類、機率與嚴重程度，很可能會變成沒有終點的長跑。從商業角度來看，這種情況相當致命。由於科學研究無法控制所有偶然性，也無法達到百分之百的確定性，也許藥物永遠無法行銷上市。若以案例會議爲脈絡，我們可以提出兩種解決方法，一種與時間句逗有關，另一種則利用了時間區間。相較之下，後者使短期延誤變得很值得。你可以這麼說：

⑦雖然副作用的研究很重要，但我們也不希望必力通凝一直卡在這一關。我們來預期一下解決這件事情的合理時間是多久，並且設定一個期限。接著，我們再衡量時間拉長可能導致的風險，再拿這個風險和藥物副作用若超過預期嚴重程度時，必須進行補救所需要的時間做個比較。

用句逗來做區隔

如果情況中存在清楚、有力的標點符號，如開始行銷必力通凝的決定，你可以試著強調事情在跨越句逗前後有何不同變化。想要延緩藥物行銷上市的你，可以試著這麼說：

⑧一旦藥物上市以後，有許多事情將會不受我們控制，我們也會受到大眾更密切的監督。如果出現的副作用最後比想像中的嚴重，大眾難道還會信任我們嗎？若是失去了大眾的信任，我們的產品線將全數受到威脅。藥品行銷上市是很大的一步，暫時緩緩，可能是比較謹慎、明智的做法。

確定共同價値

提出反對意見以後，可能會導致個人被邊緣化，或被排除於團體之外。這個過程猶如一段滑坡，不知不覺間，你講的話很快就會被視爲毫無建設性。而且，從一位有建設性的批判者，淪爲找碴者這兩種身分之間的轉變，也沒有明確的界線。面對這種缺乏時間句逗的情況時，我們要試圖確定共同價値。這麼做能讓挑戰團體意見的你，不會那麼容易被團體排除在外。你可以嘗試這麼說：

⑨我想，產品順利上市，是我們共同的目標。只要我們小心行事、注意細節，一定可以賺大錢。

從區間與歷時透鏡來看這場會議

提出異議之所以這麼困難，部分是因爲強納森暗示了事情早已有所決定。從他的角度來看，暫緩藥物上市是不好的做法，這樣的結果不是他要的。然而，這裡有兩個區間，和第三章介紹的ED2+R序列有關。善用這兩個區間，可以幫助強納森保留顏面，讓他可以宣布會議成功。

第一個區間，發生在ED2+R序列以前，也就是自提出警告到眞正發生問題之間。與副作用相關的資訊，如果可以被視爲是有效的預警系統，那會議就可以被視爲是部分成功的。但是這個策略若要奏效，警告提出的時間不能太早（提出警告的時間和問題發生的時間不能拉太長），不然警告的時機可能還不成熟，警告者只會被當成放羊的孩子。想要解決問題，你可以試著這麼說：

⑩如果鮑伯沒有說錯，必力通凝的高市占率，很快就可以達成。但是市占率愈高，代表副作用若是出現，我們所面臨的風險就愈大。也就是說，很諷刺地，我們愈成功，問題可能就愈大。而且這個問題，對下個會計年度會有相當大的影響。就我來看，既然我們和這麼大的風險近在咫尺，就應該小心行事。花幾週時間，就當做是買保險，確定現在所出現的副作用不是冰山一角。這些數據告訴我們的，其實就是我們的預警系統發揮作用了。即使以後可能發現只是虛驚一場，但現在找出問題，總好過來不及時的亡羊補牢。

另一個透過區間透鏡解決問題的方法，就是從 ED2+R 序列中的 R 區間下手。若是即早提出警告，能讓你有足夠的時間（區間拉長）來解決問題（Resolve），也能幫助你躲開共時風險的麻煩，讓你不用同時處理副作用相關問題，以及其他可能同時出現的危機。你也許可以這麼說：

⑪我不認爲這些副作用最後會造成什麼嚴重後果，但如果我們現在就面對這個問題，就可以早一點開始處理問題。這樣我們就不用在將來面對其他問題的時候，還要同時處理棘手的公關危機。

提出秩序問題

ED2+R 序列還有另一個重要性。所有會議都有其規範與核心價值，當規範被打破、受到威脅時，發現這個狀況的人，應該要馬上知會其他人。偵測到問題（detect/discover, D_1）到問題被揭露

（disclosure, D_2）的時間，應該要愈短愈好。提出秩序問題，意思就是要找出流程秩序受到哪些威脅。《羅伯特議事規則》（*Robert's Rules of Order*）清楚指出，秩序問題的提出，任何時候都符合程序，也就是隨時都可以提出。[3]如此一來，一扇窗便敞開了。任何時候，只要有事情威脅到團體的核心價值，反對的意見都可以被提出。

⑫我聽大家討論，發現一個我們所有人一直以來都信奉的原則——我們絕不草率做決定。但同時，我們也絕不坐以待斃。草率做決定和坐以待斃，都會造成嚴重後果。

注意時間消逝

從強納森的開場白，我們可以知道這場會議的意義是儀式性的：強納森希望愈快解決愈好。若是提出異議，可能會導致會議時間延長。要解決時間長度問題，有兩種方法：

壓縮：若要提出異議，就要選擇最簡短的策略，才能擠進小小的窗口。譬如說：

⑬我想暫時扮演一下「魔鬼代言人」。這個決定非常重大，所以我們一定要考慮各個層面。如果鮑伯說的沒錯，必力通凝的確有相當大的潛在市場，那麼出現嚴重副作用的個案數量，也一定會非常大。

扮演魔鬼代言人並不花時間，是一個會議常見的策略，如同一種儀式一樣，而且擁有既存議事習慣的優勢。魔鬼代言人的策略很常被使用，因此不會出什麼意外，也不會導致時間拉太長，所以很有效率。這個策略廣爲人所接受，一般都認爲，它能有效幫助團隊朝目標前進，不會有害於團隊達成目標。

消除：表明自己知道時間是有限的。

⑭我先跳過其他的，直接討論我認爲的重點。

聚焦事前區間

在第三章當中，我討論了「事後區間」與「事前區間」。必力通凝開始研發之後的事後區間相當長，但問題卻可能很快出現；也就是說，問題出現以前的事前區間相當短。這種時候，你可以這麼說：

⑮我覺得，既然我們和這麼大的風險近在咫尺，就應該小心行事。花幾週時間，就當做是在買保險，確定現在所出現的副作用不是冰山一角。

善用「最後機會」法則

善用最後一次機會，是很常見的時機法則。這個法則雖然可能促發行動，但在這裡卻不甚適用，因爲除了強納森以外，沒有人知道會議究竟會進行多久。此外，這個法則還會引發另一個問題——大家都知道，反對意見不應該在最後一刻提出，因爲一定會有人說：「怎麼不早點提出呢？」因此，前面④發言建議，可以修正如下：

⑯如果現在自願不會太晚的話，我想說，我很願意負責追蹤外部報告的後續情況。因爲只要這些外部報告是眞的，對我們的行銷策略必定會產生深遠的影響。雖然可能是在浪費時間，但是我願意幫忙。

自願承擔額外責任，永遠也不嫌晚。

透過區間透鏡來檢視這場會議，可以看出會議少了一項重要的東西，也就是辨別會議距離達成最後決定還有多遠的方法。如果你知道會議何時達成決議，就能知道在自己必須提出反對意見之前，有多少時間可以等待別人先提出異議。不過，管制會議步調與長度的那一面時鐘，並不掛在牆上，也不在誰的智慧型手機上。唯一決定一切的時鐘，存在強納森的心裡，只有他看得到這面時鐘，也只有他能決定會議進展的步調。事實上，他也已經決定了，根據強納森這面主觀時鐘，決策的時機早已過去。

從速率透鏡來看這場會議

速率透鏡和區間透鏡，分別以不同角度來檢視同一現象。速度快者，區間短；速率慢者，耗時長。因此，從區間透鏡所看到的東西，也能透過速率透鏡看見。但就好像功能相同的兩種工具，總是會有一種工具用起來比較自然，或是不知何故，就是讓人比較容易發揮創意、解決問題。畢竟，每個人都有偏好。有時換個角度來檢視同一現象，確實可以找到關鍵所在。接下來，便透過速率透鏡，針對案例會議提出幾點觀察。

從總裁強納森的開場白中，我們可以推斷他希望會議簡短進行。一般來說，較短的會議步調也快，這就是較短會議的正常速度（N 速度）：沒有停頓、沒有長時間的靜默、缺乏重整、充電、反省所需的暫停。管理某個情況以前，若能先了解其正常速率，對我們會非常有幫助。因爲如此一來，你就能事先做好準備，看是要進行火力密集的意見交換，還是冗長、令人麻木、圖表滿天飛的馬拉松長跑。

每當我開始思考一件事情的速率有多快、歷時有多長的時候，我總是會回到第四章速率二乘二表格（圖 4.1）的左上格，也就是最慢流程的最小速率。如果議題相當複雜、需要審慎考慮，那麼決策進行的速率勢必緩慢。但是，也不能夠無限延長，好像永遠也做不了決定一樣。任何人若是在董事會上和哈姆雷特一樣優柔寡斷，董事的位子不可能坐得長久。如果我們比較簡短會議的正常速度與審慎決策的正常速度，就會發現它們是互相衝突的。當問題相當複雜，我們又不接受已經考慮過的決定，就得延長時間來討論出新的決定。

在速率與區間兩章中，我提過不同利害關係人，對同樣的速率和區間可能會有不同解讀。對律師來說，延後藥品行銷上市的這段區間，可以避免麻煩。但對行銷總監而言，這段區間可能會因此讓競爭對手搶得先機，率先推出嶄新的「突破性」減肥藥。在決定是否要提出、如何提出延後上市的要求時，聰明的做法是先了解其他人可能如何解讀較長、較慢的流程。

從形狀透鏡來看這場會議

描繪會議進行的形狀共有五種：週期、直線、螺旋、點扇圖與張力弧線。時間形狀的思考，可以幫助我們了解提出異議、反對藥物行銷上市爲何如此困難，並且進一步找出解決之道。由於會議的目的，是要在結束時達成決議，這樣這場會議就形同是一只秤子，要秤的就是不同論點的好處與壞處。這也是魔鬼代言人的做法能被接受的原因：因爲這位代言人在做的，就是把不同論點放到秤子上。一項行爲如果與當下所指涉的事物形狀相符合的話，那就表示時機成熟了。

週期策略與戰術

當討論內容和與會人員的專業領域相關時，強納森會希望聽聽看大家的意見。因此，這場會議在達成決議之前，至少要經歷一次完整的週期，也就是讓每個人都發言過一次。至於週期的總數爲何，判斷應該是不會太多。若是利用會議的週期形狀，可以找到很多方法來提出異議，要求藥品延後上市。只要追蹤一下哪些人已經發過言、哪些人還沒發言，你就可以決定何時最適合提出反對意見。舉例來說，你大概知道律師會說些什麼，也知道行銷部門會如何回應，所以你可以在律師發言之前，就先把律師的立場陳述一遍，並且加以反駁。但也可以等到律師發言以後，再加以回應。知道週期的存在，能提供你相關資訊，了解會議多久會結束、還有多少時間能提出異議。等到所有人都發言過一到兩遍，你大概就知道提出異議的窗口正快速關閉，因此要準備採取行動。

直線與螺旋

縮短會議時間、防止討論離題的最好方法，就是採取直線進行。一個主題接著一個主題討論，中間不要繞路，也不要暫停、中斷、回頭與重複。隨著世界愈趨複雜，我們也愈來愈渴求簡單與線性流程的單純與直接，即使這代表步驟之間必須停頓也沒關係。然而，這場案例會議其實是一條曲線。討論在進行的時候，會不斷在需要討論的重點之間循環（行銷、政府放行、副作用等）。這場會議背後的形狀，因此不是直線，而是螺旋。螺旋形狀當中，充滿了許多的旋繞與扭轉，若是體現在會議上，便是討論進行的曲折。這樣的情況支持了一個論點，也就是現在就應該放慢腳步、調查副作用的問題，因爲與會者正體驗到不斷回頭討論一個原本就能更早解決的問題。

點扇圖

當這組人馬朝未來看去的時候，他們知道一旦副作用成爲問題，團隊便會面臨到是否要回收藥品的抉擇。而且，嚴重副作用所導致的負面報導，團隊也必須著手處理。此外，他們還要確保公司的其他產品不會受到波及。也就是說，要顧及的事情很多。屆時，公司所面臨的選項，將不斷加成增加，猶如點扇圖一樣，一項接一項地來。如果未來的情況看起來愈來愈像點扇圖，而不再是推出產品後賺錢的直線路徑，便會充滿不確定性。此時隨之而來的，就是這條時機法則：面對不確定性時，應緩慢、小心行事。

張力弧線

張力弧線能幫助我們了解，爲何強納森與鮑伯這麼急著讓藥品上市。就多數藥品而言，研發階段都相當長，最後一刻才會出現回報。因此，案例會議召開時，每個人都盼望藥品上市帶來的回報與解脫。藥品研發與上市所伴隨的緊張感，起落會循著張力弧線的模式。也就是說，在研發階段緊張感會不斷累積，在藥品上市後獲得宣泄。如果爲了調查副作用而暫停腳步，等於是打斷了弧線的發展，使得壓力宣泄的時間點向後延伸。如果能事先了解哪些事情會令團隊感到挫折，就能預先做好準備，幫助大家一起走過。

從複音透鏡來看這場會議

複音透鏡能幫我們看見流程平行發展的可能性，如你可以提議同時進行兩件事情：

⑰我自願進一步了解海勒博士那邊的狀況。我不認爲眞的會有什麼問題，也覺得我們應該繼續推動藥品上市。如果有任何結果，我會隨時跟各位說。眞的出現問題的可能性很低，但我們還是別讓海勒博士不滿，他是我們公司最頂尖的科學家之一。

這個發言建議，將決策流程延伸到會議之外。會議雖然結束了，但另一個流程仍然持續。這也就是第二章SJPCW序列中，關於延續性的成分。會後進行追蹤，代表後續的流程會和決定藥品是否行銷上市的流程平行進行。

因爲調查副作用而必須延後藥品的行銷上市，這個結果當然不爲衆人所樂見。但延後所帶來的成本，其實和它能帶來的好處（及時找出問題）相當。而延後所帶來的成本，也能透過自願爲延後負責的方法有所抵消。

綜觀這場會議

有許多因素都令提出異議相當困難，這些因素當中有些持續存在（如強納森暗示決策已經底定的開場白），有些則只在特定時候出現（比方說，同時間只能有一個人發言，而且對方發言時我們很難打斷，所以如果有人在說話，你就不能說話，反之亦然。）有些因素的影響力，會隨著會議的進展而升高或降低，如強納森一開始就指出會議要簡短進行，因此當會議時間拉得愈長，便愈與強納森的預期相抵觸，也因此愈難提出異議，因爲這會導致會議開得更久。

會議上總是有許多保持緘默的理由，如果我們回頭檢視會議逐字稿，會發現會議中的任何時刻，都能找到有力的理由來說服自己不要開口。但從頭到尾都保持靜默會導致嚴重問題，也就是說，在個別時刻看起來合理的做法，總的來看卻不合理，這該怎麼辦呢？

在管理複雜情況的時候，沒有任何單一方法是足夠的。對這場會議也一樣，光是一句話很難達到效果。你需要將前述六面透鏡所指出的各種話術組合起來，形成一套序列策略，才能解決問題。接下來，就是一個嘗試解決問題的回答：

> ⑨我想，產品順利上市，是我們共同的目標。只要我們小心行事、注意細節，一定可以賺大錢。①如果我說錯的話，麻煩指正。鮑伯你剛才說，我們的市占率幾年内就可以達到二〇%？這固然很好，消費者多，我們賺的錢也多。（暫停一會）但我不免擔心，就算出現副作用的人比例不高，我們還是會面臨嚴重的問題。畢竟，比例雖小，但如果基數大，乘出來的人數還是很多。也許會有上百位民眾因爲我們的藥物生病，如果是這樣的話，我們整間公司還有所有產品都會受到影響，很可能會名譽掃地。
>
> ④強納森，您剛剛不是說，今天開會的目的，是要了解一下相關資訊嗎？怎麼現在好像我們馬上就要做決定了？③現在最重要的，不是這個決定到底是要今天敲定，還是等到下週再說。假設五年以後，我們再回過頭來看看今天的會議，我想最重要的，絕不會是我們在什麼時候做出決定，而是我們的決定有沒有做對。

⑩如果鮑伯沒有說錯，必力通凝的高市占率，很快就可以達成。但是市占率愈高，代表副作用若是出現，我們所面臨的風險就愈大。也就是說，很諷刺地，我們愈成功，問題可能就愈大。而且這個問題，對下個會計年度會有相當大的影響。就我來看，既然我們和這麼大的風險近在咫尺，就應該小心行事。花幾週時間，就當做是買保險，確定現在所出現的副作用不是冰山一角。這些數據告訴我們的，其實就是我們的預警系統發揮作用了。即使以後可能發現只是虛驚一場，但現在找出問題，總好過來不及時的亡羊補牢。

⑦雖然副作用的研究很重要，但我們也不希望必力通凝一直卡在這一關。我們來預期一下解決這件事情的合理時間是多久，並且設定一個期限。接著，我們再衡量時間拉長可能導致的風險，再拿這個風險和藥物副作用若超過預期嚴重程度時，必須進行補救所需要的時間做個比較。

⑧一旦藥物上市以後，有許多事情將會不受我們控制，我們也會受到大眾更密切的監督。如果出現的副作用最後比想像中的嚴重，大眾難道還會信任我們嗎？若是失去了大眾的信任，我們的產品線將全數受到威脅。藥品行銷上市是很大的一步，暫時緩緩，可能是比較謹慎、明智的做法。

我在第一章曾提過作家胡立歐．科塔查爾的小說《跳房子》，他在書中提供讀者選擇權，讓讀者自己決定要按什麼順序閱讀內文章節。接下來，我也要給各位幾個話術序列策略的組合建議，每個策略皆以不同方式回應會議中所發生的事，如逐字稿以外的內容、公司的相關事實、其他相關人物、會議上非語言的溝通訊號等。

序列：⑤、①、④、⑩、⑧

序列：①、⑦、⑪、⑰

序列：⑭、①、⑩、⑪、⑧

至於這些話術序列策略，考量了案例中的權力動態與公司組織文化之後，究竟能否發揮作用，這個問題交由你來決定。但有一點很清楚，我們現在離找到有效策略，比起在本章之初、剛讀完逐字稿時，要近上許多了。透過時間透鏡，我們得以窺探會議中原先根本看不見的時間架構，因此提出一套初始策略，解決難以提出異議的問題。

時間透鏡，開啓決策新視野

本章的案例給了我們許多教訓，其中相當重要的，就是時間問題並不總是那麼明顯。我們必須主動探詢，才能找出這場會議背後的時間架構。而我們也必須透過時間透鏡，才能了解提出異議究竟爲什麼這麼困難，並且找到策略加以解決。畢竟，看得見敵人，才能打敗敵人。此外，若要找出組成會議時間結構的所有時間元素，六面透鏡必須要全數用上才行。如果你在做決定的時候，只用了一、兩種時間元素，如任務期限（時間句逗），或事物改變的速率（時間速率），請記得考慮其他時間元素，因爲它們或許能讓你看見原本不知道的風險與機會。

想了解這場會議究竟哪裡出了錯，還可以用其他角度切入，如拙劣的決策技巧、不適當的領導風格、團體迷思、有瑕疵的團隊流程、壓迫不同意見的組織文化等。但時機分析帶給我們的，是一個完全不同的視野。其他模型和框架所看不見的，或是只稍微提及的許多問題，時機分析皆能讓它們一一浮上檯面。

兩千多年以前，亞里斯多德看著離港的船隻慢慢消失，並且（可能是歷史上第一次）意識到地球是圓的、不是平的。如果我們是當初注意到這個現象的人，不知道有多少人會用「錯覺」兩個字草草帶過，認爲只是光線出現了折曲，而不是腳下踩的土地具有弧度。不過，在「看見」之後，亞里斯多德還需要幾何學的知識，才能將這樣的觀察化爲洞見。時間透鏡的功能也在於此，透過透鏡所看見的模式，能幫助我們將觀察化爲洞見。

本章所進行的分析，目的是要幫助扮演部屬角色的人，找到方法阻止藥物立即上市。但是這當中的許多課題，對於想要善用團隊知識與想法的主管而言，也非常受用。這裡要問的是，一項活動的架構，是否包含機會窗口，讓團隊安心表達不同意見？我們不能只希望團隊憑著善意與勇氣來提出中肯意見，應該要創造機會讓團隊能實話實說。要做到這點，最重要的就是要注重時機管理。要有對的條件和時機，團隊才會提出異議。而正如本章案例中所示，只要了解哪些因素會導致機會窗口關閉，便能找到方法重新開啓窗口。

下一章要介紹的，是一套更有架構的時機分析法。這套方法分爲七個步驟，當你一步步往前進的時候，對於時機的了解也會愈加深入細緻，屆時將更能有效掌握時機。

8 時機分析七步驟

「……不是要提供明確答案，而是指引研究方法。」

——約瑟夫・亞柏斯（Josef Albers）[1]，德裔美籍藝術家、教育家

時機分析是一套有架構的方法，目的是要幫你達成許多重要目標。首先，時機分析能幫你找到機會窗口，釐清何時該採取行動、何時該靜觀其變。再者，時機分析能幫你預測風險，無論你決定採取行動與否。

我們所做的每件事，皆包含時機相關風險。有些可能並不容易看見，如我們經常沒意識到情況改變的速度之快。**時機分析能幫我們更看清這些相關風險，了解在特定情況當中如何掌握時機**。有時時機並不重要，但有時時機決定了一切。企業主管常被大量資訊淹沒，導致時常無法有效看見時機問題。時機分析能讓時機問題浮出水面，進而幫助經理人決定下一步該如何進行，了解是要快速行動、慢慢進行、先暫停一下再開始，還是要配合外部事件的節奏加速或放慢腳步。這些關於時間速率、句逗及其他時機架構元素的各種決定，我稱爲「時機設計」（temporal design）的選擇。

時機分析若是做得好，應該能夠有力地印證或挑戰一些既有觀念，讓原本許多看不見的選項一一浮現。它有助於釐清各種原本模糊不清，或是完全出於本能、直覺式的想法是否合適。時機分析主要有七個步驟，在此先做概略性的介紹，稍後再詳細解釋。

第一步：敘述情況。針對眼前的情況加以敘述。情況當中是否需要進行時機決策？如果是的話，你覺得該如何決定？什麼時候該行動，什麼時候該靜候等待？

第二步：繪製樂譜圖。仔細思考你所描繪出來的情況，想想組織內外部有哪些事物正同時進行，並將這些互相重疊的事件，以多行樂譜的方式整理成不同軌道。這個步驟的目標，是要探討共時事件與共時行動如何共同運作。別忘了善用前幾章介紹的六大透鏡，獲得更多與「樂譜圖」有關的細節與資訊。

第三步：深入探詢。運用複音透鏡，檢視軌道之間的關係：哪一條先？哪一條後？哪些同時發生？軌道之間如何相互影響？

第四步：尋找機會窗口。窗口有許多特徵，對決定何時採取什麼行動至關重要。

第五步：辨別時機相關風險。你面臨了哪些風險？哪些事情的發展，可能比預期中快或慢？哪些事情的發生可能會亂了序，哪些又可能在錯誤的時間點發生？

第六步：評估眼前選項。以批判的眼光，最後再檢視一次時機分析的內容。後頭我會列出一張清單，幫助你了解在分析結束以前，還有哪些事情必須列入考量。

第七步：採取行動。根據你進行時機分析的結果，決定要採取行動還是要等候。

進行時機分析時，一定要記得愛因斯坦說過的一句話：「事情要盡量做得簡單，但不要以為事情本身很簡單。」在進行時機分析時，魔鬼隱藏在細節裡，許多步驟相當複雜，進行的過程就好像一條蜿蜒、曲折、速限每小時三十哩的小路。此時，要是問題事關成敗，那麼自然急不得，要慢慢進行。進行時機分析時，要考慮的事情很多，不過一旦你熟悉這套方法，對這些步驟就會駕輕就熟，知道可以跳過哪些次要步驟、找到許多捷徑。

請記得，時機分析並不是一套公式。它是一套方法，可以幫助你檢驗現實狀況，找出時機相關問題的答案。這套方法絕對適用於現實狀況，可以用來處理真實世界中的各種混亂、細節、複雜性與不確定性。公司經理人總是在「救火」，所以我在本章便以救火的案例來分析這七個步驟。接下來，讓我們針對每一步驟進行細部討論。

第一步　敘述情況

描述眼前的情況，並用自己的話來描述。不同行業或學科，都有專門的特殊用語。資訊工程、行銷、策略等不同領域出身的人，思考和討論問題的方式都不一樣。關於眼前情況的第一印象，你可以先把它寫下來，之後再針對細節進行增加或調整。書寫的量大概只要幾頁就夠了，接著問自己一句話：「在達成目標的路上，我將面臨哪些時機問題？」你將面臨的時機問題，有可能是要決定何時該進行產品市調，或是何時該結束營運不佳的事業，也有可能是決定複雜流程中各步驟的順序。初步的情況敘述，應該以宏觀的大方向爲基本原則。

對消防員來說，救火的目標是要保護生命財產。他們所面臨的時機問題，就是要如何兼顧行動的安全與速度。速度在許多情況中都很重要，但是根據過往經驗，我們知道除了速度以外，還有很多要素要考量、很多問題要問、很多決定要做。比方說，哪些事情要同時進行？什麼時候要暫停休息？眼前的步驟是否可以跳過？在時機分析的過程中，你會一一發現這些問題。但是，在最開始的這一步，只要先將你對眼前情況的了解記錄下來即可。

你面臨了哪些時機問題呢？針對不同類型的時機問題，寫下可能影響決策的各種因素。問問自己，為什麼在某時刻行動，會比另一時刻好？就消防救火而言，影響決策的因素，可能包含了火災的規模與地點、火場的建築物種類、是否有人受困、當時的天氣狀況等。列出這份清單，對於繪製事件樂譜圖會很有幫助。

第二步　繪製樂譜圖

接下來，我們要透過樂譜的縱向與橫向結構，將與時機決策相關的要素視覺化。如果你不清楚樂譜的形式，可以翻回前言，參考貝多芬的樂譜。樂譜上，不同樂器所負責的聲部層層上疊，讓樂手可以同時看見旋律的先後序列（哪個音符接哪個音符），也可以看見哪些旋律同時發生（是否有和弦與和聲）。不過，我們所要繪製的事件樂譜圖，不需要藝術或音樂天分即可進行，其形式和一般音樂樂譜相同，擁有垂直與水平兩個不同面向。

繪製樂譜圖的動作很重要。我不知道兒童為什麼畫畫，但我想原因之一，可能在於繪畫是人類對於未知世界的本能反應。我們透過視覺化的方式，賦予事物我們能控制的形體，藉此掌控這個世界。繪畫讓世界變得更容易理解，讓世界能為我們的雙手、雙眼，以至我們的心靈所掌握。同樣地，時機架構當中的模式（詳見附錄）非常複雜，光用大腦思考並無法參透，必須畫出來才容易理解。雖然電腦是分析與計算的好幫手，但在這裡簡單的紙筆，就足以幫助我們學到很多。

垂直列出相關因素

製圖的第一步，就是要先給不同要素橫向的發展空間，如果你還記得，我們在第六章中，把橫向發展的空間稱爲軌道。組織內部所發生的任何事物，都可以給予軌道；同樣地，競爭者動向及政府政策改變等流程，也都可以給予軌道。

只要是重要的事物，就要給予軌道。我沒有辦法告訴你要幾條軌道才夠，因爲每個情況都不一樣，而這種時候就是個人知識與個人經驗派上用場的時機。我們顯然無法爲所有因素、變因、行爲人與利害關係人都繪製軌道，但是軌道的數量寧願多，也好過錯失重要事物。**根據我的經驗，多數複雜狀況至少需要二十四條軌道才能完整呈現**。因此，大部分樂譜圖的高度都會相當高。

橫向畫出軌道、補上細節

接下來，將你對各軌道的了解填入軌道中，並用六大透鏡檢視各條軌道，問自己下列幾點：

- **序列**：事件的序列爲何？將如何隨時間發展？
- **句逗**：序列中的事件與行動，具有哪些時間句逗？任務期限、開始與結束、假日、選舉日等重要句逗在何時出現？
- **區間與歷時**：兩事件相隔多久？各事件又歷時多久？

- **速率**：哪些事情發生速度快？哪些速度慢？最快與最慢流程的最大與最小速率爲何？
- **形狀**：你看到哪些形狀？請注意惡性循環、泡沫、曲棍球桿狀和其他速度由慢急增的形狀。

繪製救火案例的樂譜圖

消防員抵達火場後，一般會進行這樣的行動序列：[2]

通風：消防員會在建築物表面開洞，以利熱空氣與煙霧散逸。

搜救：爲建築物通風時，另一群消防員通常會在引水滅火前，破窗進入火場執行搜救任務。

滅火：引水滅火。

我在圖 8.1 的樂譜圖中，分別爲這三項行動畫了一條軌道，再加上一條軌道來呈現火勢的消長。請花點時間研究這張圖，它並沒有你想像中的複雜，如果覺得難懂，只是因爲你以前沒看過這種呈現手法。接下來，我們透過六大時間透鏡來檢視這張樂譜圖。首先，救火當然以速度爲重，因此整體行動與事件發展的速率（於左上角標示）以「最急板」（prestissimo）表示。

我習慣將受控制的行動放在圖表上方，並將屬於情境脈絡一部分、較無法控制的流程與行動放在下方。我用高音譜記號表示前者，中音譜記號表示後者。由於各軌道上皆有許多事件同時發生，我也特別放上複音結構的標籤，並在最底下畫出一條標有刻度的時間軸，用以突顯重要區間。最後，我特別標明時間軸是以分鐘（M）爲單位，而不是時數或天數。

三項行動都有自己的軌道，一條代表通風、一條代表搜救、一條則代表滅火，分別照順序排列。一般來說，我會替序列當中的每個步驟或階段都繪製一條軌道。如果你沿著軌道由左而右檢

圖 8.1 典型救火樂譜圖

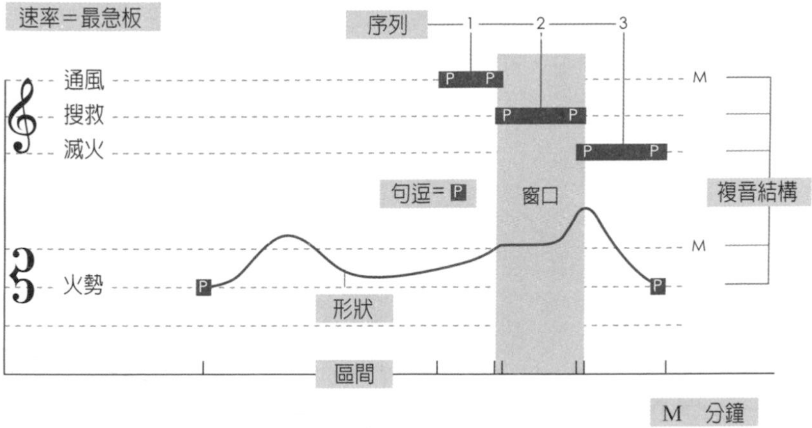

視，就會發現時間句逗。每次行動、每個狀況，都有其開始與結束。事件的始末，有可能是突然發生，也有可能是慢慢進行。在此，我用英文字母P爲代號，提醒自己句逗的重要性。比方說，有時候要完全撲滅火勢，需要很長的時間。

注意到了嗎？火勢會隨著時間消長——形狀。比方說，消防員爲建築物通風完畢、開始破窗搜救時，由於新鮮氧氣進入火場，火勢會擴大。圖8.1灰色長方形部位，代表可以進行搜救任務的機會窗口。這張圖只是「草稿」，建築師在設計房子的時候，會從簡單的草稿開始，不會在一開始就把細節全部畫進去。這裡的重點不在於追求數學般的精準，一般的日、週、月等刻度，還有更準確的測量數據可以等到最後一步再加入。記住，先求模式，再求準確。

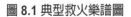

第三步　深入探詢

現在，我們已經畫出了一張樂譜圖，這張圖代表我們試圖了解情況精髓的初次嘗試。接下來我們要做的，就是使用第六章討論的兩項因素：結構與交互作用，來進一步探索、擴張、重新定義這張圖。首先，我們就從結構開始，探討軌道之間的垂直關係。

軌道間的垂直關係

觀察樂譜圖的各條軌道，並且問自己：

- 哪些軌道是對齊的？哪些沒有對齊？比方說，產品上市的時間是否適逢市場需求上升？
- 哪些軌道先、哪些軌道後？哪些互相重疊？比方說，市場上是否有多家公司，同時推出幾乎一樣的產品？
- 軌道有沒有間隙？這些間隙重要嗎？如新舊產品的間隔如果拉太長，可能會造成問題。
- 哪些軌道或軌道的哪些部分是同步的？哪些未同步？公司的系統與市場的改變是否同步？
- 軌道之間如何相互影響？兩條軌道的內容，是否彼此遮蔽、加成、競爭或互爲因果？

進行時間分析，可以幫助我們把注意力放在整體情況的垂直與水平面向。在多數案例中，我們很難在一開始就知道樂譜圖上哪個部分能提供最多時機資訊。提供最多資訊的關鍵，有可能是我們突然發現兩個步驟必須分先後進行，或是兩個流程不能重疊——要了解軌道間如何彼此影響，請翻回第六章的討論。

救火　搜救的一般觀念

正如圖 8.1 所示，在新鮮氧氣導致火勢加劇之前，會有一小段空檔。顯然，這段空檔愈長，消防員可以搜救受困人員的時間就愈長。喬治・希利（George K. Healy）是紐約皇后區的消防隊長，他說：「以前，你打破一扇窗之後，火勢大概要數分鐘到數十分鐘才會加劇。」[3] 搜救專家會將這項事實，納入他們的行動計劃。

調整樂譜圖的大小

問自己：

- 軌道的數量是否足夠？軌道內關於序列、句逗等重點的細節是否充足？
- 樂譜圖的高度夠高嗎？
- 樂譜圖夠寬嗎？
- 樂譜圖涵蓋過去與未來的程度，是否足以讓我了解眼前的狀況？

如果這些問題的答案有哪個是否定的，請回頭加入其他軌道，補上不足之處。

倘若回頭看得不夠深、往前看得不夠遠，常常會對發生的事情感到很意外。舉例來說，大家都知道好表現應該獲得獎賞，壞表現則否，但我們一定要很小心，表現的好壞是如何決定的呢？

評估標準不同，結果也會不同。加州有份研究，針對當地三萬五千位醫師的表現進行評估，發現有些醫生會因爲「病患不合作」、診斷前景不佳、病情太過複雜等因素而停止與病患合作。意思就是說，醫師會停止與可能拉低自己評分的病患合作。[4]如果幫這種情況繪製樂譜圖，醫師有專屬的一條軌道，不同種類的病患也擁有自己的軌道，這個問題可能在出現之前就可以被發現。事後看起來很明顯的事物，一開始理應也會很清楚。

發生問題的時候，我們常聽到的解決方法就是要加緊管制，也就是要加強監督、強化規範。但是這種做法跳過了一個步驟，其實我們應該要更完整地描述必須控制的情況才對，這代表要考慮隨著時間過去可能帶來的改變。要做到這點，樂譜圖上的軌道數量要足夠，而且長度要夠長，才能捕捉到所有時間相關的重要現象。我們所做的每一件事都會花時間，而且都發生在其他事物之前、之間或之後。如果我們不去了解醫師在同意接見病患以前的可能行爲爲何，或是在治療病患過程中的可能決定爲何，那麼若有某項行動介入或原則的改變，都可能會令我們覺得訝異。

試問自己：

- 哪些未來可能發生的事件，會影響到我的事業？
- 哪些過去事件到現在，仍然發揮影響力？
- 我是否忽略了哪些正在發生的事件？

我們所處的是全球化的世界，需要考慮的要素只會愈來愈多。請記得問自己，如果樂譜圖的高度增加，也就是軌道數量增加，會帶來什麼影響；而這些額外的軌道，又會如何改變你的時機決策？

救火——一般觀念的轉變

隨著時代進步，塑膠材料在家中逐漸取代棉質及其他天然材質。消防員必須面對的情況，因而產生兩種改變。

首先：「家中的塑膠材料愈來愈多，代表住屋失火時，氧氣很可能在所有可燃物被燒完前就全數用光。所燒出的火缺少氧氣，看似要熄滅，但其實正等著新鮮氧氣注入。當消防員破壞窗戶與屋頂時，新鮮氧氣便注入火場。」火勢在燒光所有可燃物前消耗氧氣的速度，導致了時間句逗上的錯誤，讓人誤以爲尚未結束的流程已經結束，或者即將結束。

再者：「塑膠這個材質，和沙發、床墊所使用的PU泡棉填充物一樣，令火場更快加溫至一一〇〇度，而物體一旦達到這個溫度，便會竄出火焰。」[5]這使得消防員能進行搜救的時間大幅減少；也就是說，最快流程的最大速度出現戲劇性的增加，大幅壓縮了執行搜救的機會窗口。

如圖8.2所示，今天的消防人員，正重新思考傳統的救火觀念。在某些狀況中，最好的策略其實是先對火勢灑水，再進行搜救。這個時機決策，需要被納入消防員救火的流程規

圖 8.2 更新版救火樂譜圖

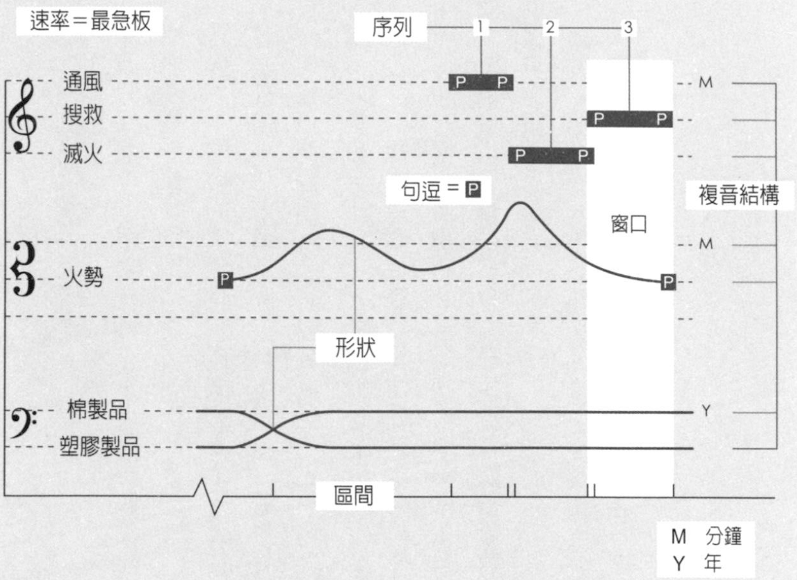

範中。圖8.2這張樂譜圖與圖8.1相當類似，速率仍然是以最急板進行，時間依然非常寶貴。但你會發現出現了幾處增減與調整，如在圖表的最下方，也就是低音譜記號右方，加入了兩條軌道，用來記錄可燃物質的改變。我想，由於塑膠製品的普及是逐步的，所以這個問題才沒有被特別注意到。

圖8.2這張樂譜圖的高度增加，我用高音譜記號代表前景進行的事件與流程，中音譜記號代表位於中景的軌道，低音譜記號標注背景的事件與流程。當然，這不是硬性規定，只是有效整理複雜樂譜圖的一種方法而已。其實，高音譜記號也可以用來代表組織所發生的事件，低音譜記號則

可以用來記錄產業的變化。爲了將不同時間規模放入同一張樂譜圖，我特別使用虛線並在軌道旁邊加上記號，代表不同的時間規模（M代表分鐘，Y代表年）。

在圖8.2加入可燃材料的改變，與此改變對消防策略的影響後，樂譜圖的規模擴張了——高度拉高（軌道數量增加），寬度變廣（涵蓋時間更長）。同時，救火序列也出現變化，由於可燃材料的改變，現在必須先用水滅火，再進行搜救。白色直條代表進行搜救任務的機會窗口，在這個例子當中，搜救任務在窗口開啓時展開，在窗口關閉時結束。

透過時間透鏡，我們可以看見許多細節。消防救火的例子雖然簡單，卻告訴我們掌握最快流程的最大速度是很重要的事，並讓我們看到「白蟻軌道」的存在（塑膠逐步取代棉製品的過程）、注意到句逗問題（火勢究竟何時熄滅），也幫助我們找到正確序列（要先滅火、還是先搜救）。如果我們再進一步透過時間透鏡檢視消防行動，一定會找到更多問題。比方說，當我在繪製通風、搜救、滅火這三條軌道的時候，我並不知道這些流程分別會持續多久。消防員在屋頂上開洞之後，要等多久才能進入火場？早半分鐘、晚半分鐘，也許會讓情況完全不同，卻也有可能毫無影響。

使用時間透鏡描繪所有可見細節時，你可能會發現樂譜圖愈畫愈大、愈複雜。此時，有兩種因應策略：一、進行整理，將同類軌道放在一起；二、改用更長遠的時間軸，重新繪製樂譜圖，後續爲各位說明。

將軌道進行分類

我在稍早建議過，可以用高、中、低音譜記號，分別追蹤情況的前景（可採取的行動）、中景（直接脈絡）、背景（間接脈絡）。通常，眼前環境中的事物最有可能被我們影響，如團隊中的事務，而世界經濟則很少人能產生影響。因此，分類軌道的方法之一，就是根據影響力的高低來分類，找出哪些軌道對你的目標可能產生最大影響。你也可以根據不同速率將軌道分類，把速度快的放在一塊。另外，你也可以依據利害關係人來進行分類。分類的方法，並沒有標準答案。事實上，不同的分類法不只能幫你掌握樂譜圖的複雜性，也能讓你更看清當前必須管理的情況。

更換時間軸

如果樂譜圖太過複雜，光是進行軌道分類還無法整理的話，那麼便可以考慮將部分軌道獨立出來，繪製成一張新的樂譜圖。時機分析是一門藝術，要準備好隨時來回於微觀與宏觀之間的思考。若以救火爲例，光是針對搜救的步驟，我們就可以繪製出一張精細的樂譜圖，把每個人在每個時刻所採取的行動化爲條條軌道。當然，你也可以用更宏觀的時間軸重新製圖。如果說一直以來，你都用同一條時間軸在檢視商業情況，請記得考慮換條不同規模的時間軸。舉例來說，按小時追蹤銷售情形看到的是一回事，在年度當中按月份觀察銷售模式，看到的則是另一回事。

現在的你，可能已經找到所有你必須知道，或必須預留時間處理的事物。如果你要從樂譜圖當中獲得最多資訊量，還有其他步驟可以利用。

調整樂譜圖

了解一件事情的最好方式，有時就是去改變它。在這個部分，爲各位介紹三種進一步探索樂譜圖的方式。

改變力量的方向與大小

行動總是受到不同方向力道的拉扯。問問自己：如果任務期限被取消，會發生什麼事？如果沒有截止日期的壓力，要花多少時間才能完成任務？以救火的例子而言，假設你聽見有人在火場大門的後方呼救，你可能不會等到水管準備好才衝進去救人。既定規則告訴我們何時該做什麼事，但這種規則可以視狀況被改變。

改變軌道的排列方式

問自己：改變軌道的排列方式，以及它們重疊與先後關係，會產生什麼結果？若以救火爲例，什麼時候應該改爲先引水滅火？這樣的改變，又會對其他軌道產生什麼影響？

改變每條軌道的「音量」

試著將軌道的音量拉高或降低——讓某些軌道顯得更重要或較不重要。我曾和一位新上任的購併主管談話，他到任後不久公司就上演了一場CEO繼位戰，因此沒有額外力氣顧及購併事宜。這位主管告訴我，他納悶自己是否做了錯誤選擇。當企業內部出現戰火，會耗損企業尋找、利用外部機會所需的資源。消防員遇到實際大火時也是一樣，最重要的考量就是火場裡頭受困的民眾，以及他們所處的位置。唯有情況改變的時候，消防員的策略和戰術才會改變。

使用P4策略

有些人習慣用視覺思考，有些則習慣用數字和符號思考。樂譜圖是視覺圖像，讓我來提供你另一種思考角度：當你在繪製樂譜圖的時候，其實在進行的，就是我所謂的P4策略。這四個P，分別代表點（point）、線（path）、複音結構（polyphony）與模式（pattern）。

面對時機問題時，請記得問自己：此時此刻在這個時間點，我知道些什麼？然後，再考慮時間延長的線性路徑，問自己：公司內部或大環境中，我眼前存在哪些事件序列？從點轉移到線的過程，讓我們可以看見樂譜圖的水平寬度。在這裡要思考的，是事件的順序、開始、暫停、結束、速率、歷時、區間、形狀（如景氣起落的週期），並了解這些特點對決策可能產生什麼影響。由於我們的世界當中有許多共時事件，所以要思考同時間有哪些事情同時進行（時間複音）——這就是樂譜的縱深高度。接著，再看平行流程之間的互動，是否遵循著一定模式。思考這些問題，形同在視覺上繪製樂譜圖。

第四步　尋找機會窗口

時機分析的目的，是要幫助我們掌握採取行動的好時機。圖8.1和圖8.2當中的直條部位，代表的就是搜救行動能安全執行的一段區間。我們時常都會討論到機會窗口的問題：什麼時候適合採取行動，什麼時候不適合採取行動？窗口的比喻，讓我們了解它是一段區間、存在時間短暫，當中的意涵就是如果不快速行動，等到窗口關閉時就錯失機會。除了歷時不長之外，窗口還有其他特質，整理如下。

符號

機會窗口是開啓的（＋），還是關閉的呢（－）？有時候，知道窗口何時關上與知道窗口何時開啓一樣重要。若以救火的例子而言，知道何時「不該」進入火場，與知道何時「應該」進入火場一樣重要。

情況與日期

窗口何時打開？可以透過「情況法則」（state rules），找到這個問題的答案。「情況法則」就是「每當」法則，即「每當」某特定情況出現時，窗口就會開啓。舉例來說，「在看到對方眼白之前，不得開火。」便是威廉・普雷斯科特上校（Colonel William Prescott）在美國獨立戰爭邦克山戰役（Battle of Bunker Hill）所下達的指令。我們也許不知道何時會看到敵方眼白，但一旦看到了就要開火。

情況法則適用於時間結構當中的任何元素。如果問什麼時候最適合買股票？根據某些分析師的建議，等市場反彈三到四次時，也就是出現多W形時最適合進場——根據時間形狀的建議。有時候，採取行動的最佳時機，則是在任務期限前夕（時間句逗），因爲此時人們都會等著看任務是否能完成，並且期待可能會有什麼驚喜。當你發現（或自以為發現）機會窗口時，記得思考你之所以認為窗口存在，是根據哪些時間結構元素所推得。

最簡單的時機法則，就是「日期法則」（date rule）：在預先選定的日期或時間點採取行動，如「最好的行動時機，就是會計年度末。」以救火為例，所有的時機法則多為情況法則。消防員觀察的是火勢、不是時鐘，並會依據火勢來決定行動時機。然而在其他的脈絡當中，如法律與會計領域，主要的原則會是日期法則。

長度與高度

窗口開啓多久（長度）？開啓的程度為何（高度）？後者顯示的是，在某個特定時刻有多適合執行想要達成的任務？有時窗口只會微微開啓，在此時採取行動雖然可能成功，但無法百分之百保證。其他時候，窗口則可能完全開啓，但開啓的時間可能不長。以救火的例子來說，消防員可以進行搜救任務的時間有多長？安全程度為何？這個問題取決於窗口開啓的高度與長度。

句逗與形狀

有些窗口——不論尺寸，開啓的時間只有一下下，猛然一聲就關上。其他窗口開關的過程，則較為緩慢。因此，將窗口的開啓與關閉化為曲線描繪出來，是非常有幫助的。有些窗口開關的速度之慢，你甚至無法察覺，結果等到競爭者捷足先登時才恍然大悟。其他窗口在開啓時，則會有巨大的聲響：左鄰右舍都知道大好機會就在眼前，等著被好好利用。

單獨性

窗口的開啓是否爲獨立事件（單獨性）？如果不是，何時會再開啓呢？錯過了這次，還會有下次機會嗎？如果有，下次機會何時出現？以救火爲例，消防員礙於火勢被迫離開火場後，何時可以再度安全地進入火場？

共時性

窗口的開啓，是否必須有其他事件伴隨（共時需求）？或者，是否不能有其他事件同時出現（共時風險）？在後者的情況當中，要看的就是哪些情況同時發生會讓窗口無法開啓，或讓已經開啓的窗口必須關閉。若以救火爲例，火勢一定要獲得控制，消防員才能安全地進行搜救。

評估失誤代價

一旦找到機會窗口，記得問自己：

- 錯失窗口的代價爲何？
- 太早或太晚採取行動，會有什麼後果？
- 時間的早晚會有影響嗎？

要釐清這些問題，我們可以繪製一條「失誤代價曲線」（cost-of-error curve, COE），參見圖8.3。

圖 8.3 失誤代價曲線圖（COE）

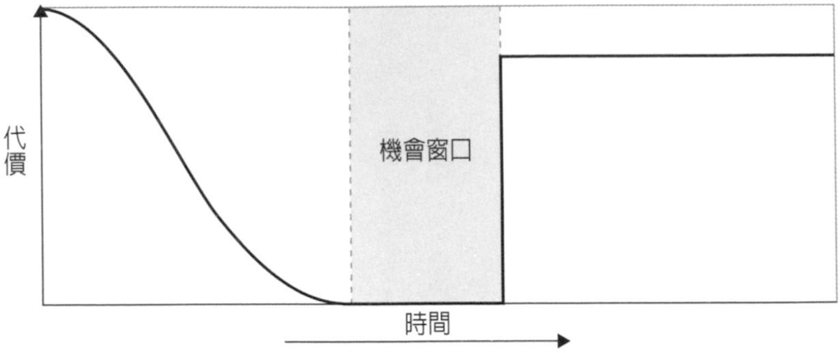

在這個例子當中，太早或太晚行動的代價並不相同。這條COE曲線是不對稱的，顯然我們不希望太早行動，而一旦太晚行動的話，好像不管延遲的程度爲何，後果都一樣，代價都非常高。機會窗口的完整分析，必定要包含COE曲線的繪製。

二〇一一年，一位消防員在紐約布朗史東（Brownstone）區的火災中受了重傷，當局表示：「由於裝潢材料及窗戶敞開所流入的新鮮氧氣影響，導致火勢相當劇烈。」[6]但若不及早進行搜救，可能會因此喪失人命——消防員隨時都得將COE曲線記在心中。

第五步　辨別時機相關風險

檢視自己繪製的樂譜圖時，請記得問自己：圖中可以看出哪些時機相關風險？時機相關風險有時間元素層級的風險，也有模式層級的風險。

各位可透過每章最後的摘要，來找出時間元素層級的風險。以序列爲例，可能出現的風險之一，就是事情未按順序進行，原本預定先A後B，後來卻是先B後A。各項時間元素，都有各自不同的風險。模式層級的風險，意指兩種或多種時間元素交互作用後所產生的風險。以救火爲例，我們發現棉質與塑料的轉移，影響了搜救任務進行的時機。顯然，對計劃當中的風險了解若是愈多，就愈能做好準備，有效管理或規避風險。

第六步　評估眼前選項

接下來，針對時機分析的結果進行評估。問自己：時機分析是否讓我看出原本看不到的時機問題？有沒有幫我找到機會窗口、了解窗口特性？接下來的這份清單，能幫你評估時機分析是否做得足夠、做得完整。

好的時機分析，應該能幫助你：

- 找到時機決策所需的重要資訊，幫你鎖定重點。
- 判斷原先所採用的時機策略（如立即採取行動等）是否恰當。
- 挑戰或印證一般傳統觀念。
- 找出更多原本沒有看到的可能性，而這些可能性是進一步催生創新解答的方法。
- 釐清行動內容與行動時機之間的關係。
- 判斷時機是否重要。有時候時機並不重要，有時候時機卻至關重要。
- 釐清、確認或挑戰你的直覺。

第七步 採取行動

最後一步，就是根據目前的發現，採取行動。如果時間很寶貴，那麼就要立即採取行動；若是發現情況可以等，那麼便晚一點行動。時機問題的答案有時很明顯，但在某些時候卻沒有任何選擇——有意見現在提出，否則永遠保持沉默。有時時機可能不重要，因爲你擁有何時想做就做的權力。也有時候，在某個時刻採取行動，就是比另一個時刻好。良好的判斷力和經驗難以取代，但有一件事我很確定：在進行時機分析的時候，你會發現自己對於時機的了解，其實比想像中的多。你所要做的，就只是去擷取、應用這樣的潛在知識。

顯然，**時機分析的進行，最好是在行動之前、不是之後。但即使是在行動之後進行，時機分析也能有所助益**。即便行動後果不如人意，時機分析還是能用來了解當初的行動時機是否恰當，也能用來檢討錯誤所在，思考時機問題所扮演的角色。

你一定已經發現，完整的時機分析要花時間進行，要做得好更需要足夠的訓練。「分析癱瘓」（analysis paralysis）這個名詞我們都聽過，意思就是說很多人會花太多時間在分析上，卻沒有眞正採取行動。時機分析其實可以加速決策過程，原本不了解、不確定的事物，在有效地進行時機分析之後，能夠更充分被理解。一旦釐清狀況，不確定性便成爲有形的風險，而有形的風險是可以管理的。面對不確定性時，我們經常太過衝動，因而太早行動，或者游移不決，因而太晚行動。時機分析能提高一開始就有效掌握時機的機率，因此能節省修正問題所需耗費的可觀時間。

時機不巧的時候

學習時機分析之所以可以節省時間，還有另一個原因。時機分析的威力在於同樣的時機模式，可能在許多不同的脈絡中出現，這表示你可以將某脈絡中學到的經驗，運用在另一個脈絡中，不用從頭開始。各位還記得第一章最後提及的番茄醬與落健的例子嗎？兩個案例當中所出現的行銷和產品設計相關機會，皆是因爲先釐清了產品的「使用序列」才得以被看見。在本章的最後，讓我再舉一個例子，說明若是能在不同狀況中看見同樣的時間設計，是相當有價值的一件事。在後續的例子當中，我們要探討的是非共時風險，也就是事情該同時發生卻未同時發生的風險。

電腦加密。電腦關機的時候，存在動態隨機存取記憶體（DRAM）當中的資訊，理應與負責資料加密的演算法（金鑰）一同消失，但是普林斯頓大學的研究人員卻發現，如果「拿便宜的罐裝冷空氣來冷卻晶片，這些資料會被凍結保存，使得金鑰能輕易地被研究人員讀取。」[7]這個情況在本質上，就是電腦的某些部分關機速度比其他部分慢。當電腦關機以後，資訊卻還能被取得，這代表加密資訊可以被有心人士竊取。

遺失的小提琴。二〇〇八年五月七日，俄羅斯小提琴家菲力普・昆特（Philippe Quint）搭計程車到紐華克自由機場，下車後他繞到後車箱，拿出行李放在人行道上。由於昆特已經付了車資，司機把門給關上後便直接開走。問題是，昆特那把價值四百萬美元的史特拉迪瓦里名琴（Stradivarius），還放在計程車後座。根據昆特指出，他並沒有忘記，只是爲了保險起見，才決定在搬行李的時候，先把小提琴留在車上。沒想到，當他要回頭拿琴的時候，司機聽到後車箱闔上的聲音，便直接把車給開走。所幸，慌張的昆特在打了幾通電話後，就找到了計程車，也找回小提琴。幾天後，昆特特地回到紐華克機場舉行演奏會，以表達對計程車司機們的感謝。[8]

在一個流程完成的時候，我們希望一切可以乾淨了結，不會藕斷絲連。一件事情結束，我們預期所有因素也都一併結束。司機收到車資，就以爲昆特在下車的時候，也一併帶走了那把價值連城的小提琴。然而，非共時的結尾其實很常見，在管理退場流程時——無論是關閉工廠、將產品下架、企業讓售等，一定要知道流程當中的不同元素會有各自的步調，結束的時間也會不一樣。有了非共時結尾的概念，我們就更能做好準備，有效管理藕斷絲連的情況。

講完這兩個故事以後，這本書來到了尾聲。我已經沒有時間補充其他的了，唯一剩下的就是終曲。

終曲
世界的再想像

「終曲：存在於編曲結構外的結尾段落，目的是爲了令人留下更深刻的結束印象。」

——《哈佛音樂字典》（*The Harvard Dictionary of Music*）[1]

「結束了，結束了，快要結束了，一定快要結束了。」

——薩繆爾．貝克特（Samuel Beckett）[2]，諾貝爾文學獎得主

一九三六年，作家卡繆（Albert Camus）在《札記》（*Notebooks*）一書中寫道：「人們只能以圖像思考。」[3]此話顯然是誇張之語，但圖像的確很重要。我們常說，現在的世界比以往更加緊密連結在一起，而我們在思考全球化的時候，心中所產生的圖像，其實就是一顆旋轉中的星球，上頭覆蓋著許多互相連結的網絡，如網際網路就是最好的例子。

然而，這張圖像也將我們困在無限複雜的蜘蛛網裡：事件太多、方向太多，導致我們無法從中產生意義，而這也就是爲什麼我認爲複音樂譜圖是非常好的整理工具。以前，美國在世界上的

圖 C.1 21 世紀新世界交響曲

地位無人能及，許多事情美國說了算；較爲弱小的國家沒有其他選擇，只能照做（形成和音），不然就得付出代價。這種情況雖然現在仍然存在，但已不若以往嚴重。隨著中國、印度及其他開發中國家的興起，美國已經退爲巨大複音樂譜上的衆多角色之一。雖然美國仍扮演著重要角色，但已不再是唯一的重要角色，其他國家現在希望能夠決定自己的角色，對整張樂譜圖的組成也有自己的看法，並各自有不同的詮釋、演奏方式。

我們必須脫離星球、網路、格子、箭頭、樹狀圖、分枝結構（組織階級圖常見圖像）的層次。這些圖像自有用途，但這些用途是有限的，無法幫助我們有效掌握時機。

我的建議是，**我們應該透過具有縱深的複音樂譜圖，來想像這個世界與全球化的現象**。在這張樂譜圖當中，充滿了許多同時進行的流程與事件。

我在圖 C.1 的樂譜中，把幾個國家的國歌開頭並列在一起，並且全部轉爲美國國歌〈星條旗永不落〉（The Star-Spangled Banner）的 D 大調。借用浪漫主義音樂家安東尼・德沃拉克（Antonín Dvořák）的交響曲名，我將這張樂譜稱爲「二十一世紀新世界交響曲」（*The New 21st Century World Symphony*）。

如果我們以相同的音量，同時演奏美國、加拿大、墨西哥等國的國歌，美國國歌到最後會顯得特別突出。若同時演奏法國與德國國歌，在我的耳裡聽起來，則是一片雜音。我還沒有試過其他組合，但試過了同時演奏圖 C.1 中的所有國歌，結果出乎意料並沒有那麼糟。我認爲，這是一個樂觀的跡象。當然，全部混在一起的國歌，不是我每天會聽的音樂，但它至少還是音樂，不是完全混亂的雜音。但在接近尾聲的時候，整體編曲聽起來有些走音了，好像哪裡不對勁，但只有一小段有這個問題。我認爲，我們可以從這張樂譜中，學到許多時機分析的相關課題。

世界上有兩百多個國家，我在樂譜當中只放了九國國歌，而且還只有一開始的幾小節而已。我們腦中的世界圖像與我們對周遭環境的看法，如果不努力設法擴展，會顯得非常受限。舉例來說，莫札特就懂得宏觀的重要性。

> 只要我不受打擾，我的創作主題就可以不斷擴展，變得有條理、有輪廓。整體旋律雖然長，但在我的腦海裡，它是完整而完成的。這樣一來，我才能好像在看畫、看雕像一

樣，一眼就可以檢視它。旋律在我的想像中，不是先後出現，而是一次就全部都聽見了。那種喜悅，實在難以形容！這一切創作、產出的過程，全都發生在愉快又生動的夢中。但眞正聽見完整的旋律演奏出來，還是最好的。[4]

我們都不是莫札特，所以我們需要樂譜圖的幫助；這張圖要夠高也要夠寬，才能幫助我們看見必須看見的事物。事件當中的角色可能有所更迭，如蘇聯已經不復存在，我特別把俄羅斯也加進樂譜中，就是爲了提醒我們這一點。圖C.1提醒了我們，不只要追蹤新加入的角色，已經離開的角色（如垮台的雷曼兄弟），還有創造、摧毀這些角色的環境條件，也要加以追蹤。

前段提過，圖C.1的國歌皆已轉爲美國國歌的D大調。一首曲子的調性，決定了整首曲子當中，整體的力量是往哪個目標前進。這些力量加諸各種行爲上（也就是音符與和弦），將曲子推往一定方向——主音（tonic）。調性的概念提醒了我們，不同角色之間，總會互相搶奪決定優先順序的權力。比方說，公司的首要目標是要在短期間獲利、維持長期競爭力、保護現有市場利基，還是多角化經營？

有時候，我們說這個世界已經成爲多軸的世界。這種說法有一個問題，也就是它無助於我們整理這個複雜的世界。我們看見的只是許多權力軸心，正以數不清的方式，試圖提升自己的影響力。這也就是爲什麼樂譜圖能幫我們更加了解情況，它提醒我們垂直關係的重要性，告訴我們兩項行爲之間可能會相互影響、結合、控制與競爭。樂譜圖也讓我們注意到前景與背景的差異，讓我們看見主旋律與伴奏之間的差別。今天的背景，可能會是明天的前景。

由於這個世界的垂直縱深並不容易想像，也由於我們很難找到共時事件進行的模式，事物的垂直高度開始不斷縮減，最後成了單一的水平時間軸。接著，我們又因為追求速度而進一步把這條線縮短，直到它成為一個點，變得我們總是只看得見當下，現在就要得到結果。這樣的情況，等於是把第八章所提到的P4策略顛倒過來，從模式與複音結構退回線，最後再退回點。如此一來，我們形同將縱深打扁、將橫長歸零，結果就是時間結構完全崩壞。我們需要P4策略和樂譜圖，來幫我們再一次擴張、重建腦海中的世界圖像。誠如我先前提過，這不是要把事情複雜化，只是要重建事物的原貌。而且我們不得不這麼做，因為如果採取行動的時候，根據的是一張不完整的圖像與地圖，我們很可能會拐錯彎，甚至一不小心就掉下懸崖。

以複音結構、多節奏的角度重新想像這個世界，可以改變我們思考因與果的方式。多數人花了很多時間向前尋找、往前看，也就是朝未來望去。因此自然而然地，當我們在思考行為的結果時，只懂得直線思考——肇因在左方、後果在右方，中間再隔上一段時間。同樣地，我們在思考事件的肇因時，也只懂得往回看。當我們說A導致B時，重點完全只是在討論誰先（因）誰後（果）。這當然無可厚非，但我們也要注意到事物是有縱向深度的，我們要去了解哪些事情必須同時發生、哪些不能同時發生，而這代表我們要注意和弦與和弦的發展。每當有人試圖解釋事件的肇因，或者預測行動的結果，卻沒有考慮到不同時間點有哪些事情同時發生，我們就知道他很可能會推論錯誤；就算這次說對了，可能也只是運氣好而已。

和我合作的那位「音樂顧問」，之所以特別選擇美國、加拿大、墨西哥三國，以及法、德兩國國歌同時演奏，完全是幸運的巧合。我們並沒有試過所有國歌的組合，所以也不知道哪些國歌適合一起演奏、哪些不適合。在任何複雜的狀況中，事情也大抵如此——共時事件彼此之間，是形成和諧的模式，還是一團混亂呢？

國歌對每個國家來說，都是特別的。它的音樂性與時間身分，該被保持到什麼程度呢？圖C.1中掉下來的音符代表了腐蝕。未來的情況，可以透過既有音符（行動）的重新組合來打造，也可以透過新的來源，也就是圖表下方的那堆音符來構成。有些角色（國家）會在新世界當中占領一席之地，可能是以高音譜記號、也可能是以低音譜記號的方式。其他國家可能就沒有看得那麼遠，或者如果有的話，並沒有讓大家知道它們的意圖。如圖中的中括號所示，還有些國家可能已經找到夥伴，正在創造屬於它們的小型樂章。

隨著樂譜推展，不同行爲人（國家、團體、組織、機構、個人）會有不同的表現，也會彼此競爭不同的角色，如編曲者、指揮家、演奏家、觀眾、評論家等。誰要負責寫新樂譜、制定新策略、研發新商業模式？誰會像爲現代聽眾重新演繹古典作品的指揮家一樣，改革身經百戰的舊有產品？誰又會成爲熟悉計劃與流程執行步驟的專家？誰能夠完美地執行這些步驟？誰會買新產品的帳？最後，誰會負責評斷這些達成的成就？

法國經濟學家賈克・阿塔利（Jacques Attali）的一段話，可以告訴我們爲什麼要把商業環境當做樂譜來思考。

> 音樂是一種預言，它的風格與架構領先社會腳步，因爲音樂探索一切可能性的速度，比起現實物質還要快。它讓我們得以聽見將要逐漸清晰、自我實現、樹立秩序的未來世

界。音樂並不只是事物的具象，更是未來的使者。[5]

阿塔利的結論是：「因此，如果說二十世紀的政治結構，的確是以十九世紀的政治思想爲根源，那麼十九世紀的政治思想，必定早以胚胎的形式存在於十八世紀的音樂中。」[6]

如果你覺得阿塔利這段話誇張了，那麼不妨聽聽古典音樂作曲家查理斯・艾伍士（Charles Ives）的音樂。艾伍士的第四號交響曲是在一九〇八年至一九一六年間寫成，由於節奏太過複雜，演奏時需要兩位指揮家共同指揮。[7]正如音樂學家勞倫斯・克雷馬（Lawrence Kramer）指出，艾伍士的典型技巧包括「不同音樂風格與流程的交疊、方向性和聲運動的去除、素材的裂解，以及結構的極端複雜化。」[8]我認爲，一個世紀後的今天，我們的世界正如一張艾伍士的樂譜，需要新世代的指揮家、演奏家與分析家才能有效解讀。欣賞激進的新式音樂並不容易，更別說是指揮。

最後，「二十一世紀新世界交響曲」也提醒我們，解決時機問題所需的技巧，不是果決、計算與判斷。這些顯然都是優點，但是更重要的技巧，是能在現代商業環境中，想像、找出、應用環境內在音樂模式的能力。如果我們只將時間當成日曆上的日期來處理，將時間與某時刻所發生的事件與行爲拆開來看，我們會永遠搞不清楚爲什麼某件事會在某個時刻發生。

要成功解決時機問題，一定要先將時間特點列入考慮。也就是說，我們敘述行爲脈絡的方式，必須包含時間結構的六大元素，才能掌握行動的時機。時間結構的六大元素，包含了序列、速率、歷時、起點、終點等，可以用來敘述周遭充滿動態的世界。此外，樂譜圖也提醒了我們，思考時間的時候，要從模式與流程的角度切入，不能只把時間當成一條線或者一個數字。同時，也要把時間當成組成萬物的零件之一，而不只是承載事件的容器。

印度教經典《薄伽梵歌》（*Bhagavad Gita*）裡頭，黑天神對主角阿朱那（Arjuna）如是說：

> ……具有形體的眾生，
> 未顯明者，隱諱難見。[9]

時間是無形的，看不見、聽不到、摸不著，無嗅也無味。我們也許可以測量時間，但我們仍不確定時間的本質爲何。時間躲躲藏藏、百般神祕，是故容易忽略。

隨著時間推進，商業領袖所面臨的問題將會改變，世界版圖將不再相同，企業、商業模式、國家也將更迭交替。不變的是，我們還是得在對的時刻、做出對的決定。時機的問題將永遠存在——時機成熟了嗎？該以多快的速度前進呢？一路上又會遇到哪些風險？透過本書，我試圖證明我們對時機問題的了解，其實可以比表面上看到的更多、比一般做法所能揭露的更深。時機分析相關技巧是可以學習的，而且能夠成爲知識與競爭力永不斷絕的來源。

此時此刻，正是闔上書本、關上螢幕、採取行動的時候。正如猶太史上著名的希列長老（Hillel）所言：「不趁此刻，更待何時？」

附錄
時間架構

時間架構是一門藝術與科學，用來設計、創造、分析及使用音樂模式。當多重行動與流程並行、同步、重疊，或在時間上具有相關性的時候，便會形成音樂模式。這些模式和樂譜一樣，具有橫向與縱向深度，生命週期短至數秒，長至數年。時間架構研究的內容，包含了這些模式的功能與目的、其所彰顯的性質與意涵、促發的情感、意圖達成或抗拒的目標，或是對實務者最重要的，這些模式促成又限制了哪些行為。與一般建築結構和人體生理構造相較，時間架構的設計很少能從表面直接看見。時間架構並不是日常視覺的一部分，我們在計劃行動時，也鮮少將其納入考量。一般而言，我們在敘述外在世界的時候，只會帶入少量時間架構的碎片。

時間架構的領域與建築結構相關。古羅馬建築師馬爾庫斯．維特魯威．波利奧（Marcus Vitruvius Pollio）將建築結構的典型功能，定義為構造、用途與美學。構造意指建築物必須屹立不搖，用途則表示建築物必須有其實用功能，美學則是說建築物必須美觀。時間架構的功能也一樣，它們必須能夠支持或容納不同的行為、事件與活動，這代表它們必須足夠耐久才行。再來，時間架構也不能有哪裡感覺不對勁；良好的時間架構會同時具有美觀及功能性。

哥德（Goethe）曾經廣爲人知地將傳統建築比喻爲「靜止的音樂」，這個比喻同樣也適用於時間架構，差別只在於傳統建築確實是「靜止」的，而時間架構所敘述的流程則如音樂一般，會隨著時間發展與改變。如果我們讓音樂重新流動，使其不再靜止，[1]那麼音樂其實就是聽得見的時間，恰恰捕捉了人類時間經驗的雙項特色：共時的可能性與承先啓後的必須性。

注釋

作者序　一切看似隨意，其實有跡可尋

1 E. Brann, *What, Then, Is Time?* (Lanham, MD: Rowman & Littlefield, 1999); J. T. Fraser, *Time and Time Again: Reports from a Boundary of the Universe* (Boston: Brill, 2007).
管理學中以時間爲主題研究之摘要整理，見 *Academy of Management Review* 26, no. 4 (October 2001)。與時間相關文獻甚多，在此不逐一舉隅，然 Brann 所著之 *What, Then, Is Time?* 針對時間相關之各種哲學探討，提供了最佳的簡短回顧。對時間之跨領域研究有興趣者，J. T. Fraser 成就甚高，其作品 *Time and Time Again* 一書中，以系列論文概要統整其部分作品。此外，國際時間研究協會（International Society for the Study of Time）編有系列書籍，每三年舉辦會議，其努力成果也值得關注。

前言　第一，並不代表最好

1 Dan Gilbert 對此也持相同看法，詳見 D. T. Gilbert and T. D. Wilson, "Prospection: Experiencing the Future," *Science* 317, no. 5843 (September 7, 2007): 1351-1354.

2 有關 kairos（古希臘文，最佳時機之意）一字的歷史與相關討論，見 J. Bartunek and R. Necochea, "Old Insights and New Times: Kairos, Inca Cosmology, and Their Contributions to Contemporary Management Inquiry," *Journal of Management Inquiry* 9, no. 2 (2000): 103-113.

3 L. Bernstein, *The Joy of Music* (New York: Amadeus Press, 2004), 160.

4 M. B. Lieberman and D. B. Montgomery, "First-Mover Advantages," *Strategic Management Journal* 9 (Summer 1988): 41-58; M. E. Porter, *Competitive Strategy* (New York: Free Press, 1980).

5 J. Glover, *Humanity: A Moral History of the Twentieth Century* (New Haven, CT: Yale University Press, 2000), 242.

6 M. Ingebretsen, *Why Companies Fail: The Ten Big Reasons Businesses Crumble and How to Keep Yours Strong and Solid* (New York: Crown Business, 2003), xi.

7 A. Ballmer, "Openers: Corner Office," *New York Times*, May 17, 2009, B2.

8 G. Mitchell, *Making Peace* (New York: Knopf, 1999), 173.

9 Beethoven, Ludwig van, 1770-1827, Symphonies, no. 5, op. 67, C minor, (New York: Kassel, Bärenreiter, 1999).

10 K. E. Weick, "Improvisation as a Mindset for Organizational Analysis," *Organizational Science* 9, no. 5 (1998): 543-555. Weick 等管理學家將組織行爲比擬爲即興爵士，我的關注重點與其相關，卻不盡相同。我感興趣的，是組織行爲的環境描述，以及如何透過環境中既有之類音樂模式，取得機會窗口與風險相關資訊。正因我們無法以數學方式描述樂譜結構，也同樣無法以數學模型解釋外在世界。當然，演奏交響樂所產生的音波與小波等產物能具體描述之，但曲譜本身無法。這正是風險模型失敗的原因之一，因爲這些模型皆建築在不完全的質性資料上。

11 P. Brook, *The Empty Space* (New York: Simon & Schuster, 1968), 125-126.

1 時間序列

1 "John Archibald Wheeler," TastefulWords.com/, http://quotations.tastefulwords.com/john-archibald-wheeler/.

2 D. Owen, "The Inventor' s Dilemma," *New Yorker*, May 17, 2010, 42.

3 Ibid.

4 L. Story and D. Barboza, "The Recalls' Aftershocks," *New York Times*, December 22, 2007, B1, B9.

5 *Pepper... and Salt*, *Wall Street Journal*, August 27, 1999, p. A9. 一般英語中，習慣先說「鹽」再說「胡椒」，專欄名稱爲何將順序顛倒，筆者尚未找出緣由。

6 K. Gesswein and S. Fealy, "Vows," *New York Times*, January 23, 2000, 38.

7 American Society of Clinical Oncology, "Progress Against Stomach Cancer" (2012), http://www.cancerprogress.net/downloads/timelines/progress_against_stomach_cancer_timeline.pdf.

8 J. P. Newport, "Why Scientists Love to Study Golf," *Wall Street Journal*, March 24-25, 2012, A16.

9 "Inventive Warfare," *Economist*, August 20, 2011, 57-58.

10 J. Clements, "Don' t Get Hit by the Pitch: How Advisors Manipulate You," *Wall Street Journal*, January 3, 2007, D1.

11 B. Tuchman, *The Guns of August* (London: Macmillan, 1962), 100, cited in A. C. Bluedorn, *The Human Organization of Time: Temporal Realities and Experience* (Stanford, CA: Stanford University Press, 2002).

12 Bluedorn, *The Human Organization of Time*, 1-2.

13 “Pause Quotes,” *BrainyQuote*, http://www.brainyquote.com/quotes/keywords/pause.html#gSCFwO8VlkHdALLY.99I’ve.

2 時間句逗

1 J. Becker and M. Luo, “In Tucson, Guns Have a Broad Constituency,” *New York Times*, January 10, 2011, http://www.nytimes.com/2011/01/11/us/11guns.html.

2 J. Markoff, “Slogging up PC Hill at I.B.M.,” *New York Times*, May 10, 1992, http://www.nytimes.com/1992/05/10/business/slogging-up-pc-hill-at-ibm.html?pagewanted=all&src=pm.

3 B. O’Brian, “You Must Remember This: A Slide Is Still a Slide,” *Wall Street Journal*, March 5, 2001, R1.

4 L. Greenhouse, “Tactic of Delayed Miranda Warning Is Barred,” *New York Times*, June 29, 2004, A17.

5 S. Albert and G. Bell, “Timing and Music,” *Academy of Management Review* 27, no. 4 (2002): 574-593. This analysis follows closely and in parts is identical.

6 G. Morgenson, “The Markets: Market Place—Mixed Signals from the Fed; If the Water’s Fine, Why Are Those Sharks Still Circling?” *New York Times*, http://www.nytimes.com/1998/10/16/business/markets-market-place-mixed-signals-fed-if-water-s-fine-why-are-those-sharks.html.

7 “I Think It’ s Time We Broke for Lunch... Court Rulings Depend Partly on When the Judge Last Had a Snack,” *Economist*, April 16, 2011, 87.

8 G. Bowley, “Loan Sale of 4.1 Billion in Contracts Led to ‘Flash Crash’ in May,” *New York Times*, October 2, 2010,

B1.

9 T. Lauricella, “Bond Funds Fall Victim to Timing: Thinking Worst Was Over, Top Performers Now Lag Behind,” *Wall Street Journal*, November 17-18, 2007, B1.

10 D. Gross, “A Phantom Rebound in the Housing Market,” *New York Times*, January 7, 2007, C5.

11 M. R. Gordon, “War, Meet the 2008 Campaign,” *New York Times*, January 20, 2008, A4.

12 L. Tamura, “Who Really Runs Yellow Lights?” *Washington Post*,in the *Star Tribune*, June 30, 2010, A4.

13 這些問題部分奠基於以下文本，B. M. Staw and J. Ross, “Behavior in Escalation Situations,” in *Research in Organizational Behavior*, ed. Barry M. Staw and Larry L. Cummings (Greenwich, CT: JAI Press, 1987), 9:39-78.

14 一元拍賣的遊戲爲艾倫．提格（Allan I. Teger）發明，載於其著作《投資太多，無法退場》（*Too Much Invested to Quit*）(New York: Pergamon Press,1980)。

15 Ibid.

16 有關時間與組織文化關係的討論，見E. H. Schein, *Organizational Culture and Leadership* (San Francisco: Jossey-Bass, 2004); 151-163N. 關於不同文化對未來所持不同概念之討論，見 Ashkanasy, V. Gupta, M. S. Mayfield, and E. Trevor-Roberts, “Future Orientation,” in *Culture, Leadership, and Organizations: The GLOBE Study of 62 Societies*, ed. R. J. House, P. J. Hanges, M. Javidan, P. W. Dorfman, and V. Gupta (Thousand Oaks, CA: Sage, 2004), 282-342.

17 引述自 W. W. Lowrance, *Modern Science and Human Values* (New York: Oxford University Press, 1986), 168.

18 有關這部分的討論，請參考 S. Albert, “A Delete Design Model for Successful Transitions,” in *Managing Organizational Transitions*, ed. J. Kimberly and R. Quinn (Homewood, IL: Irwin, 1984), 169-191.

19 Peter Leo, “Channeling Man’ s Basic Instinct,” *Pittsburgh Post Gazette*, August 25 1994, http://global.factiva.com

ezp-prodl.hul.harvard.edu/hp/printsavews.aspx.

20 L. Ellison, "The America's Cup Comes to Europe," *Economist*, November 16, 2006, http://www.economist.com/node/8132643.

21 S. Shellenbarger, "Time-Zoned: Working Around the Round-the-Clock Workday," *Wall Street Journal*, February 15, 2007, D1.

22 R. Walker, "Pointed Copy: The Ginsu Knife," *New York Times Magazine*, December 31, 2006, 18, http://www.nytimes.com/2006/12/31/magazine/31wwln_consumed.t.html?n=Top%2fFeatures%2fMagazine%2fColumns%2fConsumed&_r=0.

3 間隔與歷時

1 I. Calvino, *Six Memos for the Next Millennium* (Cambridge: Harvard University Press, 1998), 54.

2 S. Mydans, "Australians Enter East Timor in Show of Force," *New York Times*, September 29, 1999, A7.

3 R. Gulati, M. Sytch, and P. Mehrotra, "Preparing for the Exit," *Wall Street Journal*, March 3, 2007, R11. 取得 Dow Jones & Company, Inc. 授權使用。

4 G. Kolata, "Researchers Dispute Benefits of CT Scans for Lung Cancer," *New York Times*, March 7, 2007, A18.

5 Ibid.

6 C. Dawson, "Japan Plant Had Earlier Alert," *Wall Street Journal*, June 15, 2011, A11.

7 R. L. Rose, "Work Week: A Special News Report About Life on the Job—and Trends Taking Shape There," *Wall Street Journal*, December 6, 1994, A1.

8 Quoted in "Commencements: Change the World and Godspeed," *Time*, June 12, 1995, 82.

9 A. Alter, "What Don DeLillo's Books Tell Him," *Wall Street Journal*, January 30-31, 2010, W5.

10 J. P. Richter, *The Notebooks of Leonardo da Vinci* (New York: Dover 1970), 296.

11 J. Steinhauer, "Sometimes a Day in Congress Takes Seconds, Gavel to Gavel," *New York Times*, August 6, 2011, A12.

12 "A 120-Year Lease on Life Outlasts Apartment Heir," *New York Times*, December 29, 1995, A8. 經美聯社同意後引用。

13 J. E. Garten, "A Crisis Without a Reform," *New York Times*, August 18, 1999, http://www.nytimes.com/1999/08/18/opinion/a-crisis-without-a-reform.html.

14 S. Shane, "The Complicated Power of the Vote to Nowhere," *New York Times*, April 1, 2007, D4.

15 E. Nagourney, "Undue Optimism When Death Is Near," *New York Times*, February 29, 2000, D8.

16 關於空白區間的討論，請見 S. Zaheer, S. Albert, and A. Zaheer, "Time Scales and Organizational Theory," *Academy of Management Review* 24, no. 4 (1999): 725-741.

17 D. Finn, *How to Look at Everything* (New York: Abrams, 2000), 95.

18 D. Landes, *Revolution in Time*: *Clocks and the Making of the Modern World* (Cambridge, MA: Harvard University Press, 1983), 348-349.

19 B. Hubbard Jr., *A Theory for Practice: Architecture in Three Discourses* (Cambridge, MA: MIT Press, 1996), 164.

20 R. Wright, E. de Sabata, and G. Segreti, "Alarm Delay 'Critical' Says Concordia Probe," *Financial Times*, May 18, 2012, http://www.ft.com/intl/cms/s/0/0c0cbd0e-a0f7-11e1-aac1-00144feabdc0.html#axzz2P96YG0Fy.

21 J. McPhee, "Checkpoints," *New Yorker*, February 9, 2009, 59.

22 J. Bailey, "Chief 'Mortified' by JetBlue Crisis," *New York Times*, February 19, 2007, A1.

23 P. Greer, 1970, cited in J. G. Miller, *Living Systems* (New York: McGraw-Hill, 1978), 163.

24 S. Adams, *Dilbert*, *Minneapolis Star and Tribune*, October 16, 2005, Comics, 1.

25 J. Longman, "Lilliputians Gaining Stature at Global Extravaganza," *New York Times*, June 17, 2002, D2.

26 G. Morgenson, "When Bond Ratings Get Stale," *New York Times*, October 11, 2009. B1.

27 J. Wilgoren, "President Stuns Brown U. by Leaving to Be Vanderbilt Chancellor," *New York Times*, February 8, 2000, A18.

28 B. Pennington and J. Curry, "Andro Hangs in Quiet Limbo," *New York Times*, July 11, 1999, D4.

29 T. McGinty, K. Kelly, and K. Scannell, "Debt 'Masking' Under Fire," *Wall Street Journal*, April 21, 2010, A1.

30 A. K. Naj, "Whistle-Blower at GE to Get $11.5 Million," *Wall Street Journal*, April 26, 1993, A3.

31 M. Jay, "The Downside of Cohabiting Before Marriage," *New York Times*, April 15, 2012, SR4.

32 V. Bernstein, "No Cutting Corners as NASCAR Seeks a Clean Start," *New York Times*, February 18, 2007, http://www.nytimes.com/2007/02/18/sports/othersports/18nascar.html.

33 P. Dvorak, "Businesses Take a Page from Design Firms," *Wall Street Journal*, November 10, 2008, B4.

34 I. Molotsky, "Winters Warms Up for Humor Prize," *New York Times*, October 21, 1999, A14.

35 C. Berg, "The Real Reason for the Tragedy of the Titanic," *Wall Street Journal*, April 13, 2012, A13.

4 速率

1 L. Neri, L. Cooke, and T. de Duve, *Roni Horn* (London: Phaidon, 2000), 18.

2 M. Ali, 轉錄自 "Muhhamad [sic] Ali's Greatest Speech," YouTube, http://www.youtube.com/watch?v=LxLokrA

TgIw.

3 G. Kolata, "New AIDS Findings on Why Drugs Fail," *New York Times,* January 12, 1995, A1.

4 J. Grant, "Wired Offices, Same Workers," *New York Times,* May 1, 2000, A27.

5 G. Kolata, "Study Finds That Fat Cells Die and Are Replaced," *New York Times*, May 5, 2008, http://www.nytimes.com/2008/05/05/health/research/05fat.html.

6 Ibid.

7 R. Ludlum, *The Cry of the Halidon* (New York: Bantam Books, 1996), ix.

8 G. Ip, "Tough Equations," *Wall Street Journal*, May 16, 2001, A1, A10.

9 T. Gabriel, "Roll Film! Action! Cut! Edit, Edit, Edit," *New York Times*, May 5, 1997, C1, C13.

10 A. Zimbalist, "Stamping Out Steroids Takes Time," *New York Times*, March 6, 2005, http://www.nytimes.com/2005/03/06/sports/baseball/06zimbalist.html.

11 A. R. Sorkin, "A 'Bonfire' Returns as Heartburn," *New York Times*, June 24, 2008, C5.

12 原文爲 catoptric 這個單字，意思爲「鏡面的；反射面的；鏡像的」。

13 I. Calvino, *If On a Winter's Night a Traveler* (New York: Knopf, 1993), 162.

14 W. Tapply, *Client Privilege* (New York: Delacorte Press, 1990), 73-74.

15 G. Stalk and T. Hout, *Competing Against Time* (New York: Free Press, 1990), 58-59.

16 J. Maeda, *The Law of Simplicity* (Cambridge, MA: MIT Press, 2006), 27-28.

17 S. Kern, *The Culture of Time and Space, 1880-1918* (Cambridge, MA: Harvard University Press, 1983), 275-276.

18 Ibid.

19 "The Hollow Promise of Internet Banking," *Economist*, November 11, 2000, 91.

20 B. Bahree and K. Johnson, “Iraqi Shortfall Means Oil Prices Could Stay High This Year,” *Wall Street Journal*, June 27, 2003, C10.

21 J. E. Hilsenrath, “Why For Many This Recovery Feels More Like a Recession,” *Wall Street Journal*, May 29, 2003, A1, A14.

22 N. Pachetti, “Crude Economics,” *New York Times Magazine*, April 23, 2000, 36.

23 Crystal Classics, n.d., http://www.crystalclassics.com/riedel/riedelhistory.htm.

24 Merleau-Ponty, *LŒil et l’Esprit*, quoted in J.-P. Montier, *Henri Cartier-Bresson and the Artless Art* (Boston: Little., Brown, 1996), 308. 爲了增加可讀性，此段原文英譯爲作者微幅修改後的版本。

5 時間形狀

1 G. Anders and A. Murray, “Behind H-P Chairman’ s Fall, Clash with a Powerful Director,” *Wall Street Journal*, October 9, 2006, A14.

2 P. James, *The Documents of 20th Century Art: Henry Moore on Sculpture* (New York: Viking Press, 1971), 67.

3 Ibid.

4 E. Eakin, “Penetrating the Mind by Metaphor,” *New York Times*, February 23, 2002, A19.

5 M. Gimein, “Is a Hedge Fund Shakeout Coming Soon? This Insider Thinks So,” *New York Times*, September 4, 2005, B5.

6 R. Kurzweil, *The Singularity Is Near: When Humans Transcend Biology* (New York: Penguin Books, 2006), 8.

7 G. Soros, *The New Paradigm for Financial Markets* (New York: PublicAffairs, 2008), xviii-xix.

8 B. Childs, *Time and Music: A Composer's View* (Seattle: University of Washington Press, 1977).

9 J. Angwin, "Consumer Adoption Rate Slows in Replay of TV's History: Bad News for Online Firms," *Wall Street Journal*, July 16, 2001, B8.

10 M. Oliver, "Flare," in *The Leaf and the Cloud* (Cambridge, MA: Da Capo Press, 2000), 1.

11 D. A. Redelmeier and D. Kahneman, "Patients' Memories of Painful Treatments: Real-Time and Retrospective Evaluations of Two Minimally Invasive Procedures," *Pain* 66, no. 1 (1996): 3-8.

12 J. C. Miller, *Fatigue* (New York: McGraw-Hill, 2001), 46.

13 M. Bloom, "Girls' Cross-Country Taking a Heavy Toll, Study Shows," *New York Times*, December 4, 1993, http://www.nytimes.com/1993/12/04/sports/track-field-girls-cross-country-taking-a-heavy-toll-study-shows.html.

14 J. Mouawad, "Volatile Swings in the Price of Oil Hobble Forecasting," *New York Times*, July 6, 2009, A3.

15 K. Brown, "Leaner Budgets at Corporations Are Bad Omen," *New York Times*, July 16, 2001, C2.

16 Soros, *New Paradigm*, 68.

17 "The Trade Talks That Never Conclude," *Economist*, August 2, 2008, 71.

18 Quoted in A. Delbanco, *Required Reading: Why Our American Classics Matter Now* (New York: Farrar, Straus & Giroux, 1997), 116.

19 M. Corkery and J. R. Hagerty, "Outlook: Continuing Vicious Cycle of Pain in Housing and Finance Ensnares Market," *Wall Street Journal*, July 14, 2008, A2.

20 B. Mutzabaugh, "Brazil' s Embraer Jets Are Sized Just Right," *Florida Today*, July 20, 2012. Available at http://www.floridatoday.com/article/20120722/BUSINESS/307220011/Brazil-s-Embraer-jets-sized-just-right.

21 A. Zuger, "Nighttime, and Fevers Are Rising," *New York Times*, September 28, 2004, D6.

22 T. Parker-Pope, "Why Curing Your Cancer May Not Be the Best Idea," *Wall Street Journal*, February 11, 2003, R1.

23 L. Sterne, *Tristram Shandy*, ed. H. Anderson (New York: Norton, 1980), vii. 原本分九集出版，1759, 1761, 1762, 1765, 1767.

6 時間的複音

1 Quoted in E. W. Soja, *Post Modern Geographies: The Reassertion of Space in Critical Social Theory* (London: Verson, 1989), 138.

2 A. Copland, *What to Listen for in Music* (New York: Penguin Books, 1953), 105, 106, 107-108.

3 R. Smith, *The Utility of Force: The Art of War in the Modern World* (New York: Knopf, 2007), 19.

4 A. T. Board, "34 Months and Still No Divorce," *New York Times*, August 3, 1996, A15.

5 Ibid.

6 R. Dove, "Fourth Juror," *in American Smooth: Poems* (New York: Norton, 2004), 76. Copyright © 2004 by Rita Dove. 經 W.W. Norton & Company, Inc. 同意後使用。

7 J. Pierson, "Stand Up and Listen: Your Chair May Harm Your Health," *New York Times*, September 12, 1995, B1.

8 W. Carley, "Mystery in the Sky: Jet' s Near-Crash Shows 747s May Be at Risk of Autopilot Failure," *Wall Street Journal*, April 26, 1993, A1.

9 D. Rodrik, "Elusive 'Giffen Behavior' Spotted in Chinese Homes," *Wall Street Journal*, July 17, 2007, B9.

10 "Panel Says Penn Police Overreacted," *New York Times*, July 28, 1993, B7.

11 W. Connor, "Why Were We Surprised?" *American Scholar* 60, no. 2 (Spring 1991), 177.

12 J. Flint, "NBC Ratings: Olympic-Sized Anticlimax," *Wall Street Journal*, September 22, 2000, B6.

13 B. Carter, "NBC Banks on Olympics as Springboard for New Shows," *New York Times*, August 13, 2012, B1.

14 J. Hoppin, "Tons of Rock, Sand Piled at Point Where Bridge Broke," *Pioneer Press*, March 18, 2008, A1.

15 A. Scardino, "The Market Turmoil: Past Lessons, Present Advice; Did '29 Crash Spark the Depression?" *New York Times*, October 21, 1987, http://www.nytimes.com/1987/10/21/business/the-market-turmoil-past-lessons-present-advice-did-29-crash-spark-the-depression.html.

16 R. H. Thaler and S. Benartzi, *Save More Tomorrow: Using Behavioral Economics to Increase Employee Saving*, November 2000, http://www.cepr.org/meets/wkcn/3/3509/papers/thaler_save_more_tomorrow.pdf.

17 P. Brook, *Threads of Time* (Washington, DC: Counterpoint, 1998), 63.

18 J. Scott, "Spring Ahead, Sleep Behind," *New York Times*, April 2, 1995, A37.

19 D. Goldner, "Ahead of the Curve," *Wall Street Journal*, May 22, 1995, R19.

20 S. Carey, "Chaos in Jet After It Hit River," *Wall Street Journal*, February 9, 2009, A6.

21 Quoted in A. Koestler, *The Art of Creation: A Study of the Conscious and Unconscious in Science and Art* (New York: Dell, 1964), 175.

22 M. L. Wald, "When Can You Deplane Early?" *New York Times*, September 5, 2004, Practical Traveler sec., 2.

23 "The Year in Ideas: The Ambulance-Homicide Theory," *New York Times Magazine*, December 15, 2002, 66.

24 D. Ellsberg, *Secrets: A Memoir of Vietnam and the Pentagon Papers* (New York: Viking Press, 2002), 141-142.

25 J. Darnton, "But How Two Irish Enemies Got the Ball Rolling," *New York Times*, September 5, 1994, A1, A4.

26 關於「呼應」（entrainment），豐富文獻見 D. Ancona, and C.-I. Chong, "Entrainment: Pace, Cycle, and Rhythm in Organizational Behavior," in *Research in Organizational Behavior*, ed. B. Staw and L. Cummings (Greenwich, CT:

JAI Press, 1996) 18:251-284. 有些學者認爲，組織應該試圖將組織內部節奏與環境節奏同步化。我的看法則不同。我認爲首先要先找出重要的節奏。基於科普蘭的限制，找出重要節奏並不容易。找到後，便要了解重要節奏之間的關係，如節奏何時改變、如何改變。有時候，和環境節奏同步是好的做法，有時候則需要和環境節奏不同步。

27 F. Schwartz, *Blind Spots: Critical Theory in the History of Art in 20th Century Germany* (New Haven, CT: Yale University Press, 2005), 130.

28 From Lindsay, Kenneth C. and Peter Gergo. *Kandinsky, Complete Writings on Art*. © 1982 Gale, a part of Cengage Learning, Inc. 取得許可後引用 www.cengage.com/permissions。

29 F. Norris, "Buried in Details, a Warning to Investors," *New York Times*, August 2, 2012, http://www.nytimes.com/2012/08/03/business/a-wells-fargo-security-goes-wrong-for-investors.html?pagewanted=all.

30 C. Dean, "Engineering and the Art of the Fail," review of *To Forgive Design: Understanding Failure*, by Henry Petroski, *New York Times*, July 13, 2012, C25.

31 T. Friedman, "Two Worlds Cracking Up," *New York Times*, June 12, 2012, http://www.nytimes.com/2012/06/13/opinion/friedman-two-worlds-cracking-up.html.

32 T. S. Bernard, "The Best Time to Buy and Sell College Textbooks," *Bucks* (blog), August 8, 2012, http://bucks.blogs.nytimes.com/2012/08/08/the-best-time-to-buy-and-sell-college-textbooks/.

33 S. Blakeslee, "A Rare Victory in Fighting Phantom Limb Pain," *New York Times*, March 28, 1995, B12.

34 J. L. Lunsford, "Gradual Ascent: Burned by Last Boom, Boeing Curbs Its Pace; It Uses New Restraint to Juggle Jet Orders; Avoiding 'Bunny Holes,'" *Wall Street Journal*, March 26, 2007, A1.

35 Ibid, A13.

36 "Joseph and the Amazing Technicalities: Adjusting Banking Regulation for the Economic Cycle," *Economist*, April 26, 2008, 18.

37 "And Now Here Is the Health Forecast: Understanding the Link Between Illness and Temperature Should Help Hospitals," *Economist*, August 1, 2002, http://www.economist.com/node/1259077.

38 A. Stone, "Why Waiting Is Torture," *New York Times*, August 18, 2012, SR12.

7 善用時間透鏡，解決辦公室戰爭

1 "Mahatma Gandhi Quotes," *BrainyQuote*, http://www.brainyquote.com/quotes/authors/m/mahatma_gandhi.html#8K81Itl36cQKsbQR.99.

2 S. Albert, "The Timing of Dissent," *Leader to Leader*, Fall 2001, no. 22, 34. 本章的分析以 *Leader to Leader* 文章爲本，對話則是根據我在觀賞一部以團隊流程爲主題的十六釐米黑白影片後所寫下的筆記。影片已無法取得，發行商應爲 McGraw-Hill，但本人無法確定。影片標題應爲 *Victims of Group Think*。

3 *Robert's Rules of Order Newly Revised*, 11th ed. (New York: De Capo P0ress, 2011).

8 時機分析七步驟

1 J. Albers, *Interaction of Color* (New Haven, CT: Yale University, 2006), 2. 最早於一九六三年出版。

2 J. Goldstein, "As Furniture Burns Quicker, Firefighters Reconsider Tactics," *New York Times*, July 2, 2012, A1.

3 J. Goldstein, "As Furniture Burns Quicker, Firefighters Reconsider Tactics," *New York Times*, July 2, 2012, A3.

4 J. Groopman and P. Hartzband, "Why Quality of Care is Dangerous," *Wall Street Journal*, April 8, 2009, A13.

5 J. Goldstein, "As Furniture Burns Quicker, Firefighters Reconsider Tactics," *New York Times*, July 2, 2012, A3.

6 Goldstein, "As Furniture Burns Quicker," A3

7 J. Markoff, "Researchers Find Way to Steal Encrypted Data," *New York Times*, February 22, 2008, C1, C6.

8 D. J. Wakin, "Time to Tie a String Around That Strad," *New York Times*, May 11, 2008, A6.

終曲　世界的再想像

1 W. Apel and R. T. Daniel, *The Harvard Brief Dictionary of Music* (New York: Pocket Books, 1960), 62.

2 S. Beckett, *Endgame and Act Without Words* (New York: Grove Press, 1958), 1.

3 A. Camus, *Notebooks 1935-1942* (New York: Knopf, 1963), 10.

4 引自 E. Brann, *The World of the Imagination: Sum and Substance* (Savage, MD: Rowman & Littlefield, 1991), 321.

5 J. Attali, *Noise: The Political Economy of Music* (Manchester, UK: Manchester University Press, 1985), 11.

6 Ibid, 4.

7 M. Hall, *Leaving Home: A Conducted Tour of the 20th Century Music with Simon Rattle* (London: Faber & Faber, 1996), 68.

8 L. Kramer, *Classical Music and Postmodern Knowledge* (Berkeley: University of California Press, 1995), 176.

9 S. Mitchell, trans., *Bhagavad Gita: A New Translation* (New York: Three Rivers Press, 2000), 145.

附錄　時間架構

1 S. K. Langer, *Feeling and Form* (New York: Charles Scribner's Sons, 1953), 110. 在 *Feeling and Form* 一書中，Langer 指出：「音樂讓時間變得能爲人所聽見，也讓時間的形式和持續性變得能爲人所察覺。」

國家圖書館出版品預行編目(CIP)資料

時機問題：頂尖專家教你打開全新視野,學會在對的
時間做正確的事 / 史都華・艾伯特（Stuart Albert）著；
張家福譯. -- 初版. -- 臺北市 : 大塊文化, 2014.05
288面 ; 14.8x21公分. -- (from; 100)
譯自: When : the art of perfect timing
ISBN 978-986-213-528-0(平裝)

1.時間管理 2.工作效率

494.01　　　　103006895

LOCUS

LOCUS

LOCUS